传统金属工艺创新设计

段岩涛 编著

本书主要讲解了传统金属工艺的创新设计理论与实践方法，以及传统金属工艺品装饰纹样在平面设计中的创新应用。具体内容包括：基础理论知识、景泰蓝制作工艺、景泰蓝创新设计、传统金属工艺装饰纹样创新应用以及作品赏析等。

本书适合于产品设计及艺术设计相关专业师生学习使用，也适合于行业的从业者。

图书在版编目（CIP）数据

传统金属工艺创新设计 / 段岩涛编著. -- 北京：化学工业出版社，2018.4

ISBN 978-7-122-31681-3

Ⅰ.①传… Ⅱ.①段… Ⅲ.①金属加工—工艺学—教材 Ⅳ.①TG

中国版本图书馆CIP数据核字（2018）第042879号

责任编辑：李彦玲　　文字编辑：姚　烨

责任校对：宋　玮　　装帧设计：王晓宇

出版发行：化学工业出版社（北京市东城区青年湖南街13号 邮政编码100011）

印　　装：中煤（北京）印务有限公司

787mm×1092mm 1/16 印张6 字数107千字 2018年7月北京第1版第1次印刷

购书咨询：010-64518888（传真：010-64519686）　售后服务：010-64518899

网址：http://www.cip.com.cn

凡购买本书，如有缺损质量问题，本社销售中心负责调换。

定　　价：39.00元

前 言

传统金属工艺经历了数千年的历史传承下来，反映着人们追求幸福生活的情感寄托。能工巧匠们在创造美的过程中，不断地探索新工艺，不断地发现新材料，不断地尝试新形式，从而形成灿烂辉煌的民族传统金属工艺发展历程。在当今文化创意产业大发展的背景下，我们不能仅仅是单纯地进行传统金属工艺的保护与传承，而是应在继承传统工艺的基础上进行不断创新，只有这样才能使传统金属工艺得到弘扬和发展。

“传统金属工艺创新设计”课程是产品艺术设计专业中的专业核心课程，课程类型为理实一体化课程，采用项目化教学模式，学习模式是学中做、做中学。课内实践约占总课时的 70%，在具体教学的过程中以实践为主，讲授及欣赏为辅。针对将来的就业岗位，课程内容设置旨在使学生了解传统金属工艺的发展，并知晓传统金属工艺的制作特点，掌握传统金属工艺操作技艺，在夯实学生基础专业知识和基本技能的基础上，使学生能灵活运用传统金属工艺技能、设计方法等形成创新能力，并进行时尚金属工艺品创作。本课程的实践性强，对锻炼学生在实际工作中驾驭文创产品设计与开发工作会起到很好的作用。

本书重点以景泰蓝制作技艺为例，讲解了传统金属工艺的创新设计理论与实践方法，以及传统金属工艺品装饰纹样在平面设计中的创新应用。全书分为三个层面、五个板块。三个层面：1. 概念与基础理论，使学生明晰基础理论知识；2. 工艺与实践，带领学生进行操作，领会掌握实践技能；3. 鉴赏，属于拔高阶段，目的是提高学生艺术综合素质，使学生在能动手制作基础上进一步提高设计能力，往设计师的岗位发展，并且能在课程结束后，知道自己的专业发展方向，继续提高专业水平。五个板块：1. 基础理论；2. 基础技法实训；3. 工艺应用及造型创新实训；4. 装饰纹样应用创新实训；5. 赏析。

本书是在国家级民族文化传承与创新专业教学资源库建设成果基础上编写完成的，由“教育教学——文化创意人才培养创新”项目经费资助出版。本书得以完成，首先要感谢钟连盛大师的鼎力相助以及熊松涛、李佩卿、丁明鸿等各位景泰蓝大师提供的大量资料！更要感谢戴茳、李友友、刘正宏、孙磊、韩晓坤、姜坤鹏、岳鹏、孟曦等老师的支持与帮助！

段岩涛

2018 年 3 月

CONTENTS

目录

第1章 基础理论知识

Chapter One Basic Theoretical Knowledge

1.1 传统金属工艺概述

1.1.1 概念

传统工艺美术是人为满足自身的物质需要和精神需要，在不同的历史条件下，采用各种物质材料和工艺技术所创造的人工造物总称，可分为艺用陶瓷、金属工艺、玻璃工艺、漆器工艺、雕刻工艺等。其中传统金属工艺是以金属为材料进行造型设计，并利用我国历史出现的各种金属技术将其加工制作成金属工艺品。中国传统概念的“五金”就是指常用的五种金属：“金、银、铜、铁、锡”（图1-1 ~图1-6）。

图1-1 马踏飞燕[①]（汉代）

①注：马踏飞燕又名马超龙雀、铜奔马、马袭乌鸦、鹰（鹞）掠马、马踏飞隼、凌云奔马等，1969年出土于甘肃省武威市雷台汉墓，现藏甘肃省博物馆。“马踏飞燕”身高34.5厘米，身长45厘米，宽13厘米，自出土以来一直被视为中国古代高超铸造业的象征。“马踏飞燕”是东汉艺术家的经典之作，是中国古代雕塑艺术的稀世之宝，在中国雕塑史上代表了东汉时期的最高艺术成就。

图 1-2 唐代金碗

图 1-3 苗银头饰

图 1-4 曾侯乙编钟（战国早期）

图 1-5 陈列在人民大会堂里的《迎客松》铁画

图 1-6 锡茶具

景泰蓝（图 1-7）是铜胎掐丝珐琅的俗称，是中国传统手工艺之一，景泰蓝属于金属工艺与珐琅工艺的复合工艺品。景泰蓝在中国数千年的工艺美术发展史上，以其变化多姿的造型，精湛严谨的纹饰，烦琐独特的工艺技巧，金碧交辉的迷人色泽，动人心弦的华美气韵，以及流光溢彩的艺术韵律和独树一帜的民族风格，成为世界文化宝库中的艺术珍品。

图 1-7 元代掐丝珐琅缠枝莲纹龙耳瓶

花丝镶嵌(图 1-8)是中华民族历史上的千载古艺，在唐代为高度发展阶段，工艺已达到相当娴熟程度，可谓出神入化。它的工艺虽然古老，但其精致、细腻、华丽的特色代表了传统工艺与珠宝文化的巅峰境界。花丝镶嵌由于完全由金银丝制成，所以也被称为“细金工艺”。在古代，花丝镶嵌主要用于金银首饰及一些精致陈设的加工制作，在中国历代首饰中形成独具特色的风格。

图 1-8 花丝镶嵌封侯添禄皮囊壶（藏于台湾惠风阁）

苗族银饰（图 1-9）制作技艺历史悠久，苗族饰物先后经历了从原始装饰品到岩石贝壳装饰品、从植物花卉饰品到金银饰品的演进历程，传承延续下来，才有了模式和形态基本定型的银饰，其品种式样至今还在不断地翻新。苗银的造型精致而古朴，图案有自然动植物，有抽象图形，也有对传说的反映，其中蝴蝶造形、石榴图形、鸟纹、龙纹、鱼纹、凤雀花样最为常见，它们折射出当地劳动人民对自然的崇敬之情，人与自然和谐相处的生存状态。其艺术特征是以多为美，以重为美，以大为美。苗族银饰锻制技艺全是以家庭作坊内的手工操作完成，工艺流程主要是铸炼、锤炼、拉丝、搓丝、掐丝 镶嵌加固、洗涤。

图 1-9 苗族盛装

图 1-10 斑铜

斑铜(图 1-10)是云南特有的汉族传统工艺品之一，至今有 300 多年历史。斑铜工艺制作复杂而严格，制作工艺与古代青铜器基本相同，采用高品位的铜基合金原料，经过塑型、制模、浇铸、打磨、着色等工序制作，形成它“妙在有斑，贵在浑厚”的独特艺术魅力。斑铜褐红色的表面因呈现出闪烁，艳丽斑驳，变化微妙的斑花而独树一帜，堪称金属工艺之瑰宝。

图 1-11 芜湖铁画

铁画(图 1-11)又称铁花，始于清初的康熙年间，由芜湖铁工汤天池与芜湖画家萧尺木相互砥砺而成，目前主要产地在安徽芜湖，至今已有 340 多年历史。铁画是以低碳钢为材料，依据画稿，经过剪花、锻打、焊接、退火、烘漆等多种制作手续制成的一种装饰画，是纯手工锻技艺术。芜湖铁画源于国画，吸取了我国传统国画的皴笔技法，具有新安画派落笔瘦劲简洁、风格冷峭奇崛的基本艺术特征，铁画的尺幅小景，多以松、梅、兰、竹、菊、鹰等为题材，这类铁画衬板镶框，挂于粉墙之上，黑白分明，线条刚劲挺秀，结构清晰，更显端庄醒目；芜湖铁画又将民间剪纸、雕刻、镶嵌等各种艺术的技法融为了一体；芜湖铁画既具有国画的神韵又具雕塑的立体美感，还表现了钢铁的柔韧性和延展性，是一种独具风格的艺术。

龙泉宝剑(图 1-12) 又名龙渊剑，中国古代名剑，是诚信高洁之剑。传说是由欧冶子和干将两大剑师联手所铸。欧冶子为铸此剑，凿开茨山，放出山中溪水，引至铸剑炉旁成北斗七星环列的七个池中，是名“七星”。剑成之后，俯视剑身，如同登高山而下望深渊，飘渺而深邃仿佛有巨龙盘卧，是名“龙渊”。故名此剑曰“七星龙渊”，简称龙渊剑。唐朝时因避高祖李渊之名，便把“渊”字改成“泉”字，曰“七星龙泉”，简称龙泉剑。龙泉剑大约创制于殷末周初之际，早期的剑都很短，西周时主要用来防身，春秋后期，剑成了军队的常规武器，吴越两国都特别重视剑的生产，其铸剑技术也远远超过中原各国，成为中国古代的“宝剑之乡”。

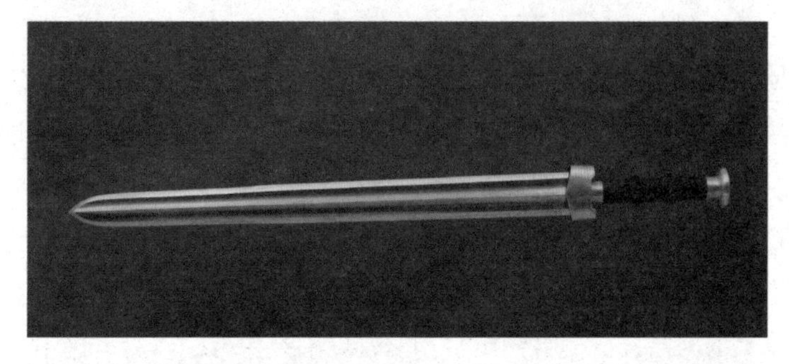

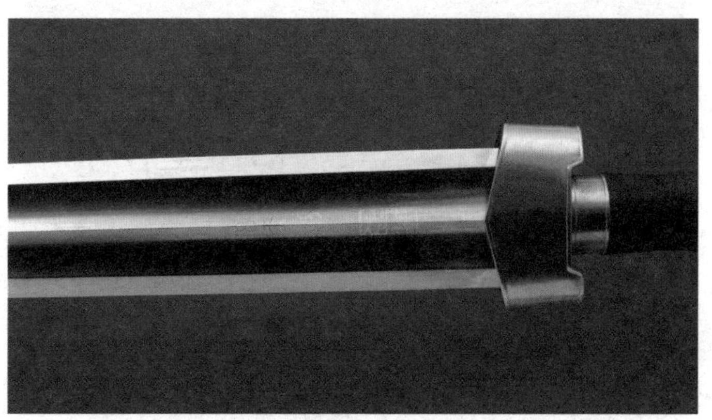

图 1-12 龙泉宝剑铸剑大师陈阿金大师的作品《玄天剑》

保安腰刀是保安族传统的手工艺制品，是尚武的保安族人在长期的摸索、观察、反复实践中，不懈追求形成的民族技艺。保安腰刀主要产于甘肃省积石山保安族东乡族撒拉族自治县大河家镇、刘集乡及周边地区。保安腰刀制作技艺是在本民族制刀技术的基础上，融合藏刀、蒙古刀、哈萨刀、汉刀、中亚刀，甚至印度刀而形成的，由于其具有独特、浓郁的风格和固有的实用性而受到了周边汉、回、藏、蒙古、东乡、撒拉、土等各民族欢迎与喜爱。品种繁多，有牛刀、鱼刀、腰刀、藏刀、武术刀、蒙古刀、哈萨刀等10多个种类，并按刀型、刀把的不同式样命名，有什样锦、雅吾其(图1-13)、双螺、满把、扁鞘、双刀、细螺、算盘珠子、尕角刀、西瓜头等30多个品种。腰刀规格主要有5寸、7寸1尺三种。（注：1寸约等于3.33cm。）

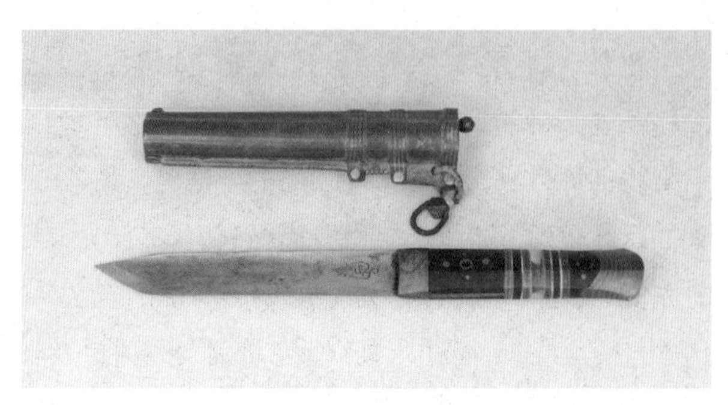

图1-13 雅吾其

户撒刀(图1-14)是因产于云南阿昌族聚居的陇川县户撒乡而得名，它质制炼精纯，具有锋利、坚韧、耐用的特点，素有“削铁如泥，吹发即断”的美称，是国家级第一批非物质文化遗产之一。户撒刀是阿昌族人智慧的结晶，其先民在唐代就掌握了锻制和铸造铁器的要领，户撒刀精湛的生产技术则是明初沐英入云南征麓川时带来的，至今已有600多年历史。明朝军入西南边疆以后，在长期的征战中需要大量的兵器，主要是刀剑。由于受环境制约，与内地联系困难，所以兵器的补给主要靠当地生产，于是留守户撒的明军中的工匠便把打刀工艺传授给已有制铁技术的阿昌族，便打制出了钢质较好的户撒刀，以后世代相传，工艺不断发展，至今成为品牌多样、质量上乘的名刀。

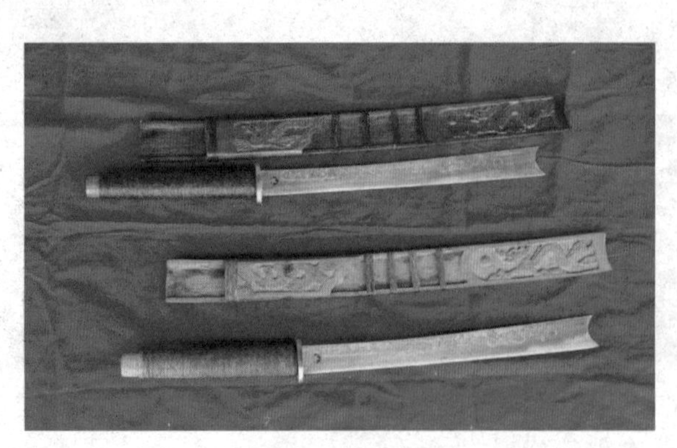

图1-14 户撒刀

1.1.2 分类

实用品（生活日用器皿）有瓶、盘、炉、刀、剑、火锅、壶、餐具、茶具等日用器皿(图 1-15 ~图 1-17)，以及钟、磬、炉、铃等宗教佛事用品。这类使用金属工艺品一般都经铸、锻、錾、镂、焊、嵌等工艺，达到类似浮雕的装饰效果。

图 1-15 运用传统金属工艺制造的实用餐具

图 1-16 景泰蓝工艺火锅

图 1-17 保安族使用的腰刀

陈设品有屏风、壁饰、摆件、车饰、马饰、轿饰，以及各种仿古摆件如鼎、熏、卤壶、觚、爵等（图 1-18、图 1-19）。

图 1-19 画珐琅花卉纹寿字卤壶

图 1-18 斑铜工艺制作的吉象摆件

首饰有头簪、戒指、手镯、项链、耳环等（图 1-20 ~图 1-22）。

图 1-20 布依族花朵银发簪

图 1-21 苗银手镯

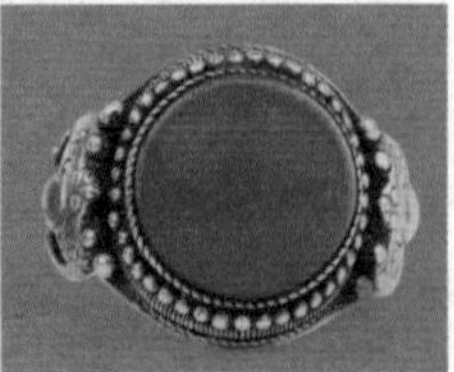

图 1-22 藏族银嵌红珊瑚戒指

货币中国最早的金属货币是商朝的铜贝(图1-23、图1-24)。商代在我国历史上也称青铜器时代，当时相当发达的青铜冶炼业促进了农业生产和交易活动，在当时最广泛流通的贝币由于来源的不稳定而使交易发生不便，人们便寻找更适宜的货币材料，自然而然集中到青铜上，青铜币应运而生。由于金属货币具有使用方便，耐磨损，流通寿命长等优点，它除了自身所具备的货币职能外，还有很高艺术价值。

图1-23 抱金铜贝货币

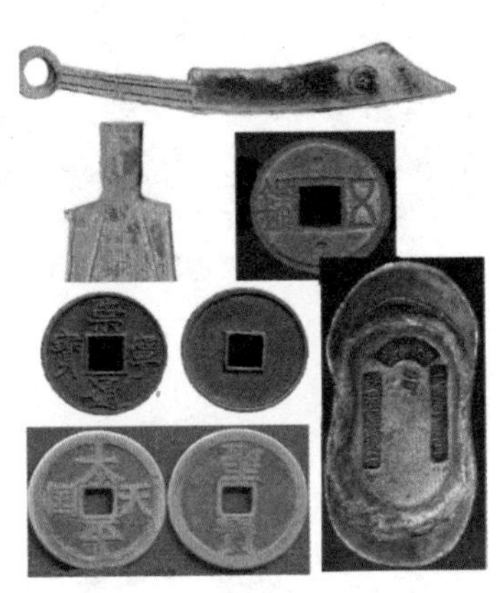

图1-24 青铜及银质货币

1.1.3 特点

传统金属工艺既不是单纯的艺术，也不是单纯的技术，不同的金属材料通过不同的加工技巧、工艺程序，能产生出不同的视觉美感和触觉美感。金属工艺之美是材质美、工艺美、艺术美的结合。

天然的材质美和光泽感构成金属鲜明、富有感染力的审美特征，同一个造型的工艺品，采用不同的技法，也会形成在肌理上鲜明的对比，从而产生特有的美感(图1-25)。

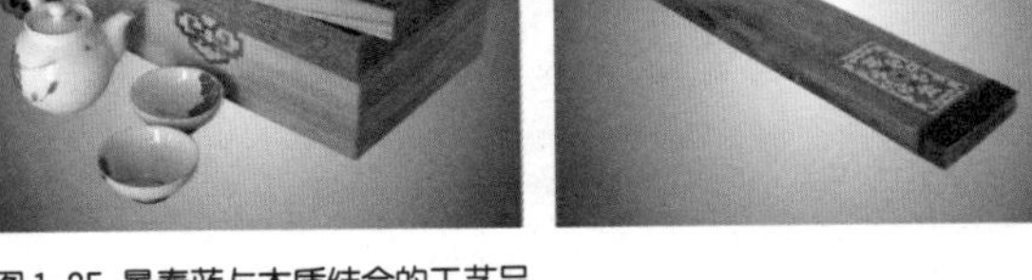

图1-25 景泰蓝与木质结合的工艺品

1.1.4 发展

中国古代金属工艺发展，基本可分为四个阶段；萌生期、铜石并用时代、青铜时代、铁器时代(图1-26 ~图1-30)。

图1-26 萌生期——原始社会

图1-27 铜石并用时代——始于4000年前的龙山文化时期的石器②

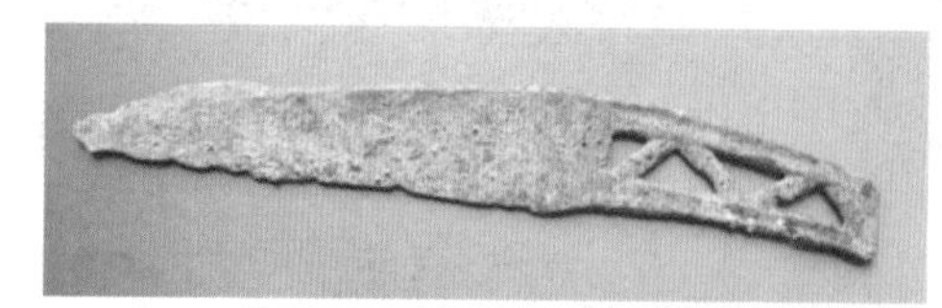

图1-28 铜石并用时代——在齐家文化③遗址出土的"镂空三角纹铜刀"

图1-30 自春秋晚期中国进入冶铁时代

图1-29 青铜时代——在三星堆遗址出土的夏商时期青铜人面像

②"龙山文化"泛指中国黄河中、下游地区约新石器时代晚期的文化遗存，距今4600~4000年，这个时期铜石并用，因首次发现于山东历城龙山镇(今属章丘)而得名。

③"齐家文化"是以中国甘肃为中心地区的新石器时代晚期文化，距今4200~3600年，已经进入铜石并用阶段，其名称来自于其主要遗址甘肃广河县齐家坪遗址。

① 夏

二里头文化[4]的青铜器是典型代表，有鼎、盆、罐、盘、尊等多种器形，开启了青铜时代，大禹曾铸九鼎以示天下一统。

② 商

主要是烹饪器，如食器、酒器、水器，并且以酒器为主。用途上，以祭祀为主，具有宗教意义；其表面以动物纹样为主，一类是变形奇特，想象的动物纹，如饕餮（图1-31）、夔、虬以及龙凤。一类是自然界的动物纹样。反映出一种神秘、威严、庄重的气氛。

图1-31 饕餮纹

④“二里头文化”是中国青铜时代的文化，该文化以发现于河南省洛阳偃师二里头命名，二里头遗址和二里头文化成为公认的探索夏文化的关键性研究对象。

③ 周

西周器型主要是烹饪器、食器、酒器、乐器、兵器，其中很多都是礼器，符合当时社会注重礼治的特点。周代提出“德”的观念，同时也注重现实，强调“礼治”（等级和秩序），因此在工艺制作的样式上，常有固定的规格，而在装饰上，则反映出显著的秩序感（图1-32）。

图1-32 西周北子青铜簋

东周，即春秋战国时期，钟鸣鼎食的结合，失去祭祀和礼器的特性，从而向生活日用器发展。装饰上，以雕纹、蟠螭纹为主，具有巧思、清新、活泼的艺术特色。

④ 秦

青铜冶铸业在秦王朝建立后，融入了战国时期各国各地区的成就，秦始皇在长安造阿房宫，宫前立 12 铜人，各重千石，规模甚大。秦始皇陵铜车马 (图 1–33) 是秦始皇陵的大型陪葬，1980 年出土于中国陕西临潼秦始皇陵坟丘西侧。共两乘，一前一后排列，大小约为真人真马的二分之一。制作年代约在陵墓兴建时期，即公元前 221 ~ 前 210 年间。

图 1–33 秦始皇陵铜车马

⑤ 汉

西汉中期以后，铁兵器逐渐替代铜兵器，进入完全的铁器时代，青铜冶铸业的规模在汉代得到继续扩大。叠铸技术在铸钱、铸车马器方面获得长足发展。青铜合金的配制、铸造工艺、鎏金、镶嵌等技术在此期间都有提高，并大量使用了锤锻等成型工艺。铜镜和透光镜的铸造，也是重要的技术成就。佛教自汉代开始由印度传入我国，各地广兴寺院，由此广泛制作金属佛像 (图 1–34)。

图 1–34 西汉长信宫灯

长信宫灯设计之精巧，制作工艺水平之高，在汉代宫灯中首屈一指。宫灯的整体造型是一个跪坐的宫女双手执灯，宫灯构思巧妙灯罩由两块弧形的瓦状铜板组成，铜板合拢后为圆形，嵌于灯盘的槽之中，可以左右开合，这样能任意调节灯光的照射方向亮度和强弱。灯盘中心的钎上插上蜡烛，点燃后，烟会顺着宫女的袖管进入体内，不会污染环境，可以保持室内清洁。宫灯的造型构造设计合理，许多构件可以拆卸，宫女体中是空的，头部和右臂可以拆卸，以便清洗。宽大的袖管自然垂落，巧妙地形成了灯的顶部。头部、身躯、右臂、灯座、灯盘和灯罩六部分铸而组装而成。

⑥ 隋唐

隋朝虽短，但隋文帝在国家经济发展的背景下提倡发展佛教，大力修复佛寺和佛像。唐代国力强盛，大型艺术铸件大量出现。隋唐时期的金属工艺，以金银器和铜镜两大类最为发达，具有较高的艺术成就。铜镜之所以兴盛，一是唐代有以铜镜作为贡品或赠品的风尚，另一方面是瓷器和漆器代替了许多日用铜器，唐代铜镜因而形成制作精美、丰富多彩的风格。这时的铜镜式样生动活泼，富有变化。装饰上，有海兽葡萄纹、双鸾衔绶纹、花卉纹、花鸟纹、走兽纹、表号纹。铜镜制作工艺精湛，用到金银平托、贴金银、鎏金、错金银、画珐琅等工艺装饰(图1-35 ~图1-38)。

图1-36 唐代三层五足银薰炉

图1-37 唐代鎏金铜佛

图1-35 唐代蒲津铁牛

图1-38 唐代铜镜

⑦ 宋

宋代手工业和商品经济十分发达，矿冶业呈前所未有兴旺景象，并掌握湿法冶铜技术。当时藏族冷锻盔甲质量极佳，没有好的兵器很难攻破。宋代官方手工业管理机构比之唐代更为庞杂，按金、银、牙、玉等手工艺分，有 42 作。其中金属手工业的有铜作、小炉作、铁作、拍金作、镀金作、金线作等 19 种之多，分工极细，几乎包括各种传统金属工艺。开宝四年由宋太祖赵匡胤命令建造的铜铸金装千手千眼观音 (图 1-39)，高 22.5 米，为中国佛教史留存至今的早期造像巨作。宋代对外输出铸造技术，南宋铸造师前往日本修铸了著名的奈良大佛。

图 1-39 宋代铜铸金装千手千眼观音

当时的金属艺术品，除宗教造像外，还向两个方向发展，一是生活用品，例如杯、盘、壶、罐、炉和铜镜等；二是供欣赏把玩的艺术品，称为“新铜器”；宋代盛行仿制伪作——商代青铜器，这是尚古、好古、复古的一种表现。这批制作精美的仿古铜器成古锈色，学者也偶有误以为商代青铜器者。这一时期的铸造工艺，除传统的陶范铸造法和失蜡铸造法，还出现了砂型铸造。

⑧ 元

蒙古族统一中国后，由于贵族需要工匠制作各种用品，所以对工匠的作用有比较清醒的认识，当时破一城就大肆屠戮，唯工匠得免。元政府成立了庞大的机构管理手工业，分工也很细，促进了元代金属工艺的发展，例如宗教造像和金银器的制造等。但是为了防止民众反抗，不准民间持有铁刃器的禁令，严重阻碍了金属手工业的发展。

银槎杯 (图 1-40) 为铸成后加以雕刻，头、手、云履等部分是铸成后接焊的，接焊处浑然无迹。这件

图 1-40 元代银槎杯

兼有传统绘画与雕塑特点的工艺品，标志着元代时期铸银工艺的技术高度与艺术水平，对于研究元代艺术发展的历史有很大意义。

⑨ 明

明代手工业日趋发达，并继承了元代的工匠世袭制，工匠隶属于工部和内官监管，不过工匠已有较多自由。工匠定时服役，非服役期可从事自由职业，明永乐和宣德等皇帝曾命铸许多梵式鎏金铜佛像。明代大威德金刚鎏金铜坛城（图1-41），堪称中国金属工艺技术发展到明代的高水平代表作。

图 1-41 明代大威德金刚鎏金铜坛城

宣德炉是中国历史上第一次运用黄铜铸成的铜器，是明代具有突出成就的金属工艺之一。为制作精品的铜香炉，明朝宣德皇帝曾亲自督促，这在历史上实属少见，这批铜香炉大家称其为宣德炉。宣德炉除铜外，还有金、银、锡等。宣德炉以色泽为亮点，其色内融。宣德炉的熔炼技术亦颇具特色，经过多炼，逾炼逾精，以至铸件很少有杂质，所以损耗较大。宣德炉的成形，大多采用失蜡铸造技术，所以曲面之间过渡流畅圆滑，无范线痕迹。由于宣德炉极受欢迎，利之所趋，

图 1-42 宣德炉

仿制和伪造者层出不穷。“当今所存，真者十一，赝者十九”但明代仿青铜或仿宣德炉者，规模和品质空前，其中不乏优秀者。

图 1-42 中宣德炉以黄铜制成，底书“大明宣德年制”楷书款。其炉身形制规整，敦厚之中不失灵巧精致，作为书房陈设颇为雅致。焚香其内，数百年历史的厚重感随香外溢。它通体光素，尽显铜炉精纯美质，铜质精良，入手沉甸。

明朝的景泰年间(1450 - 1457)，铜胎掐丝珐琅工艺已经很成熟，其形制、纹饰、釉色等方面都已达到很高的艺术水平，尤其是蓝色釉料广泛使用如：天蓝、钴蓝、以及像蓝宝石般浓郁的宝蓝，均用来做底色，形成独特的民族艺术风格，给人以高贵华美的艺术享受，故而被称之为“景泰蓝”。景泰帝为明朝宣德皇帝之子，宣德重视铜器以及铸冶。朱祁钰（景泰帝）在幼年期间耳濡目染，认识极详，且嗜之极深，只是对于铸炼方面，宣德已到达绝顶，没有能力再求突破，就在颜色方面另辟蹊径，以图出奇制胜，形成"景泰蓝"的创制。因为事先对颜色的筹谋极费苦心，所以在成功之后，也极端钟爱，所有御用陈饰无不用"景泰蓝"制作，种类之多不可屈数，凡材料所能，制器无不尽有。成化时期继承遗业，未改遗风，仍努力烧制，所以景泰蓝的器物在景泰和成化两朝最为常见。其后经历弘治、正德、嘉靖、隆庆四朝，虽仍然烧制，可是都因循陈规，虚应故事，在质量上都不能与景泰和成化年间媲美。万历以后，虽然偶然有烧制，并非像以前设官置厂，所以以后出品极少。到清朝乾隆时期，又开始烧制，且品类繁多，虽然不能和景泰、成化时期相比，但是比起弘治以后出品物绝不逊色。北京是景泰蓝重要的产地，明代的御用监和清代的造办处均在北京设有专为皇家服务的珐琅作坊(图 1-43)。

图 1-43 明早期掐丝珐琅缠枝莲纹梅瓶

明中叶到 1840 年鸦片战争是传统金属技术继续缓慢发展和逐步落后于西方的时期。西方资本主义发展，传统金属工艺向现代金属学科转变时，中国却停滞不前，比如说电镀就是当时国外发明的技术。

⑩ 清

就技术而言，清代的金属工艺技术做工纤巧精致，铸件种类繁多，宗教造像仍然是金属工艺铸造大宗。藏传佛教金属制品规模巨大，有大批大型佛像及法器，例如现存于布达拉宫的五世达赖喇嘛灵塔。清内务府造办处除铸造大量佛像外，还铸造了不少皇室用鼎、炉、龙、凤、龟、鹤、狮、象、麒麟等，至今仍保存于故宫、颐和园。

图 1-44 芜湖铁画

民间金属工艺品多属小型，沈存周的锡壶、安徽芜湖铁画(图 1-44)、云南张氏斑铜，其艺术性均不亚于宫廷艺术品。

1.1.5 文化现状

进入到 21 世纪以来，我国传统金属工艺在“大众创业，万众创新”的时代背景下，受新材料、新工艺的影响，有了突飞猛进的发展，随着人们审美标准的变化使得现代金属工艺饰品出现了区别于传统形式的表现手法，具有更加鲜明的时代特性。金属工艺饰品更具“科技化”、“人性化”以及“现代性”，呈现出一派生机勃勃的景象，展现出多种多样的表现形式。2008 年北京年奥运会奖牌(图 1-45)就很好地将传统金属工艺运用到现代设计上，北京奥运会奖牌中国特色浓厚，艺术风格尊贵典雅，和谐地将中国文化与奥林匹克精神结合在一起。奖牌背面镶嵌着取自中国古代龙纹造型的玉璧，背面正中的金属图形上镌刻着北京奥运会会徽，人们形象地叫“金镶玉”，以其奖赠奥运成绩优胜者，是一种崇高的荣誉和礼赞。

图 1-45 北京 2008 年奥运会金银铜奖牌

在古代景泰蓝大都是供皇宫御用，现代景泰蓝的制作，在传承古典工艺的同时，又随着科技的发展而有所进步，目前景泰蓝仍然以北京为生产中心。北京市珐琅厂作为全国景泰蓝行业中的龙头企业，于 1963 年编制了《景泰蓝工艺操作规程》和《工序质量标准》。同年 6 月由中国轻工总会发布实施了《中华人民共和国景泰蓝工艺品行业标准》，从此景泰蓝行业有了统一的产品质量标准，使景泰蓝的生产逐渐走向科学化管理。二十世纪九十年代以后是景泰蓝开发创新产品最多，艺术水平最高，突破性最大的时期，也是产品设计创新最活跃的时期。这一时期，创新产品的艺术水平较之过去有了一个飞跃的发展，形成了全新简洁、现代时尚的新一代景泰蓝。2002 年 9 月，北京市颁布了《传统工艺美术保护办法》，这对北京的传统工艺美术、对景泰蓝的发展、繁荣与振兴产生了重大影响和推动作用。2006 年，景泰蓝入选首批国家级非物质文化遗产，北京市珐琅厂成为景泰蓝制作技艺保护传承基地，在国家和北京市有关部门的大力支持下，我国景泰蓝的发展又实现了一个质的飞跃（图 1-46）。

图 1-46 北京珐琅厂在 2015 年大年初二举办景泰蓝庙会

来自全国工商联礼品业商会的消息，近年来，中国工艺礼品的出口额越来越大，大批欧美百货业、跨国连锁超市和专业经销商的订单纷纷转向中国。目前，中国工艺礼品已占有全球礼品市场60%以上的份额。在国内市场，圣诞礼品、金属工艺礼品、电脑刺绣工艺礼品、礼品表、电子促销礼品等产品的销售均居全国首位。其中，金属工艺品占据了工艺饰品的主要市场(图1-47)。

近年来，由于中国经济高速增长和人民收入水平的增加，居民消费结构已由物质消费为主转向物质消费和精神文化消费并重。再加上人们对于金属工艺品的文化需求、审美倾向，以及金属本身保值性，因此，金属工艺在市场上有很大需求。到2012年通过调查数据显示，我国传统手工艺产业总产值4000亿元，行业出口1800亿元。总产值在200亿以上的行业是：珠宝饰品，民族工艺品，抽纱刺绣，天然植物纤维编制，地毯挂毯，金属工艺，雕塑工艺品等。出口量最大的是民族工艺品，其次是珠宝首饰品，金属工艺品陶瓷工艺品等。

图1-47 旅游区金属工艺品市场

在现在的旅游品市场，人们更加喜爱贵金属工艺品。随着商业银行实物黄金产品销售业务的兴起，同时受“藏金于民”政策、金价持续上涨、通货膨胀等因素的推动，贵金属工艺品因其具有的投资价值、收藏价值、欣赏价值和文化价值满足了居民当前的消费倾向，其市场呈现加速发展趋势。

1.2 金属工艺设计思维（以景泰蓝为例）

1.2.1 金属材料与造型

传统金属工艺的艺术表现离不开材料，材料的特性对工艺美术的造型、色彩、装饰都有直接的影响。材料与工艺美术的造型息息相关，任何功能的器物必须以材料为基础。比如，青铜因为是铜和锡的合金，既有硬度也容易塑形，因此成为青铜器物的首选；而银器有很好的延展性，则成为锻制首饰的选择。苗族银饰(图1-48)全是手工制作，有三十多道工序，如铸炼、捶打、焊接、编结等，这些工艺都依赖于银材料较好的延展性；铁材料因为其矿藏及生产的广泛性成为工具的首选。

图 1-48 苗银加工

材料的色泽可以成为艺术效果的重要因素，金、银、铜、铁、锡这些材料的本身自然色彩及工艺加工后的色彩都十分丰富。比如，我国云南的斑铜工艺，采用高品位的铜基合金原料，经过铸造成型，精工打磨，在褐红色的表面形成变化微妙的斑花，特点是“妙在有斑，贵在浑厚”，堪称金属工艺之冠 (图 1-49)。

图 1-49 斑铜吉羊摆件

1.2.2 工艺技术与造型

失蜡法也称“熔模法”，在我国有悠久的历史。失蜡铸造法成型技术是一种青铜等金属器物的精密铸造方法，做法是，用蜂蜡做成铸件的模型，再用耐火材料填充泥芯和敷成外范。加热烘烤后，蜡模全部熔化流失，使整个铸件模型变成空壳。再往内浇灌熔液，铸成器物。以失蜡法铸造的器物可以玲珑剔透，有镂空的效果 (图 1–50)。

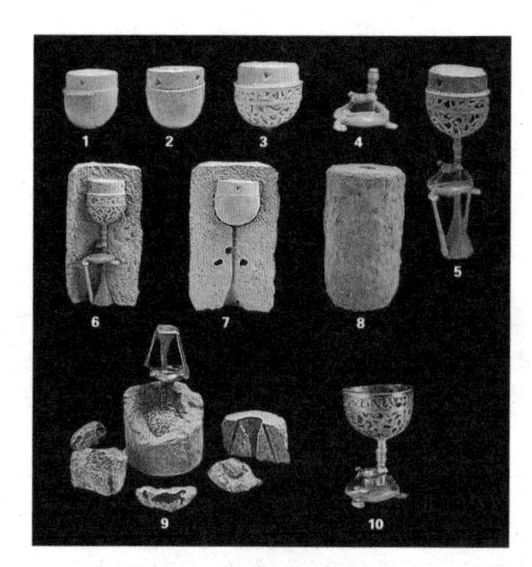

图 1–50 失蜡铸型法示意图

湖北随州曾侯乙墓，出土的青铜尊、盘，是我国目前所知最早的失蜡铸件 (时代在公元前五世纪)。它是中国青铜时代巅峰期的作品，这件青铜樽盘造型美观，铸造工艺精湛。樽盘共饰龙 84 条，蟠螭 80 条，尤其重要的是，表层纹饰互不关联，彼此独立，全靠内层铜梗支撑构成一个整体，达到玲珑剔透的艺术效果 (图 1–51)。

图 1–51 曾侯乙墓青铜樽盘

优秀的金属工艺品往往是工艺和金属材料相得益彰，英国著名评论家爱德华·卢西·史密斯在他的《世界工艺史》中这样论述工艺：“工艺的历史不仅是人类使用材料技能的进步和征服自然环境能力增强的历史，而且是社会自身发展方式的佐证，人类经常通过它们所获得的技能以及他们表达自己的方式来解释他们自身。”

·景泰蓝与七宝烧之差别

（1）景泰蓝是一种在铜质的胎型上，用柔软的扁铜丝，掐成各种花纹烧焊上，然后把珐琅质的色釉（矿石粉）填充在花纹内烧制而成的器物。七宝烧是以铜或银为胎，经常是用银细丝制成各种图案纹样，再施以石英及其他颜料，经烧制而成（图 1-52 ~图 1-54)。

图 1-52 对照设计图样完成景泰蓝的掐丝工艺

图 1-53 将铜丝焊住之后景泰蓝的点蓝过程

图 1-54《画珐琅牡丹纹海棠式花篮》

（2）景泰蓝点蓝用的釉料多以不透明为主，而七宝烧生产工艺中多用透明和半透明釉料，所以最后的产品颜色会比景泰蓝显得柔和、典雅。此外，在图纹装饰上，七宝烧比景泰蓝更为简洁，其纹样大多在器物的正面，主题突出，底子一般不再饰有繁缛的细纹。七宝烧最后多数采用镀银工艺，而景泰蓝多数镀金，显出景泰蓝雍容华贵、端庄秀美的姿色（图 1-55)。

图 1-55 日本七宝烧作品

1.2.3 景泰蓝的设计思维

设计思维，实际上也是工艺思维。古代称为意匠，现代称为设计。设计思维是一种心智活动，设计思维将材料的特性、工艺技术和造型有机的结合到一起。手工制作时期，思维和技巧是融为一体的。

设计、工艺和材料三者结合，才能形成一件工艺品。在制作一件工艺品之前，我们先要有构思，推敲造型，并根据经验做出判断，应该使用什么样的材料和工艺，才能与最初的创意吻合，或者要通过什么样的材质与工艺能使金属的潜在美感进一步得到升华，最后根据这些做出设计图。图 1-56 为国家主席习近平夫人彭丽媛与各国使节夫人观看景泰蓝非物质文化遗产展示时，尝试点蓝的铜胎掐丝珐琅繁花似锦瓶。

金属工艺的起因，源于审美的要求，体现着金属工艺技术的进步发展。在创造美的过程中，能工巧匠们不断地研究新工艺，不断地发现新材料，不断地创造新形式，从而积累出一部辉煌的金属工艺发展史。金属工艺与设计两者辩证统一，工艺能提升设计，设计能展示工艺，二者互相补充、互相提携，缺一不可，在以后的设计制作中需要和谐统一，辩证发展。

图 1-56 铜胎掐丝珐琅繁花似锦瓶

· **模仿思维和移植思维的运用**

模仿是人进行创造活动的一项能力，事实上，艺术家的许多思维灵感往往来自模仿。欧洲装饰艺术运动的典型设计理念就是模仿于考古发现、舞台艺术、工业生产中汽车样式，例如借鉴古代埃及装饰风格设计出的现代餐具等产品。模仿思维法是设计师对周围的各种事物和造型进行模拟而得到新的造型设计的方法，如图 1-57，就是模仿葫芦造型做出的《景泰蓝葫芦瓶》。

图 1-57 景泰蓝葫芦瓶

历朝历代的景泰蓝艺术皆无一例外与当时人们的审美情趣和思维方式相吻合。景泰蓝艺术的现代性，包括诸多时尚方面内容。艺术创新的前提往往是通晓和把握传统性，既尊重业已形成的审美标准和欣赏习惯，同时又要求作者要拓宽视野，以艺术现代性的目光审视传统性，不断提升艺术理念，审时度势地思考，以寻求艺术突破，理性地追求表现时尚特征。唯有在此基础上的艺术创新，方可实现艺术的现代性，赋予古老的景泰蓝艺术长青的生命力。

· **吉祥寓意的运用**

不管是古代还是现代，人们都向往美好的事物，2014 年 APEC 国礼《四海升平》景泰蓝赏瓶的主体图案就是象征圣洁、端庄、美观的吉祥图案“宝相花”（图 1-58）。传统设计中经常用的“盘长图案”也是典型代表，“盘长图案”传达源远流长、相辅相成、生生不息的理念，也是一种追求幸福生活的情感寄托。因此，

图 1-58 APEC 国礼《四海升平》景泰蓝赏瓶

从传统吉祥图案的造型元素、精神意蕴出发寻求灵感，巧妙利用其精神意念，和现代手法相结合，能够体现出一种厚实的文化底蕴。而在景泰蓝设计中，运用传统吉祥寓意图案，保留传统图案所传达的特定信息，把其精神意蕴作为一种思维模式，在形式上注入时尚元素，与当代社会文化背景相融合，就能创作出景泰蓝图案的新形式。

在景泰蓝中广为应用的是具有民俗、民间、民族特色的传统吉祥图案。吉祥图案是我国传统装饰纹样的一种，它是根据某些自然形象，通过象征、寓意、谐音、比拟、表号或直接以文字形式等手法来表达人们的愿望、理想的图案，主要流行在民间，与民间生活习俗紧密相关，在景泰蓝艺人中也代代相传，可以说是“万变不离其宗”，用各种物品组合成纹样，以图寓意。如图 1-59 钱美华大师 1981 年创作的《周器垒福寿瓶》作品通高 30.5 cm，器型传统、简洁，丝工设计严谨、考究，图案用采用双鱼、蝙蝠、牡丹、菊花、莲花组成吉祥装饰纹样，寓意福寿有余、福寿连绵、吉祥富贵。鲜红色与绛色釉料调和使用，形成渐变和统一的暖色调，经烧制呈珊瑚红色，阳光下有温润的光泽感，使色彩艳而不俗，很好地烘托了喜庆福寿的主题，增强了作品的艺术感染力，具有典型中国传统文化的风格（荣获中国工艺美术品百花金杯奖金奖）。

图 1-59 周器垒福寿瓶

第2章 景泰蓝制作工艺

Chapter Two Manufacturing Process of Cloisonne

2.1 景泰蓝工艺流程和基本工具操作

2.1.1 工艺设计流程

北京景泰蓝制作工艺复杂，工序繁多，既运用了青铜和瓷器工艺又融入了传统手工绘画和雕刻技艺。景泰蓝的工艺品具有浑厚凝重、富丽典雅的艺术特色，具有独特的民族艺术风格和深刻的文化内涵，堪称中国传统工艺集大成者。

景泰蓝的制作是先将延展性强的紫铜片按预先设计好的图纸制成铜胎，随后工艺师在铜胎器形上面作画，再用轧扁后的细铜丝在铜胎上根据所画的图案粘出相应的花纹，然后用色彩不同的珐琅釉料镶嵌在图案中，再经过反复烧结，磨光、镀金等多道工序，制作而成。制作一件精美的景泰蓝产品，需要经过设计、制胎、掐丝、点蓝、烧蓝、磨活、镀金等多道工序才能完成。

①设计：包括造型设计、纹样设计、配色设计等。景泰蓝设计受到胎型、丝工工艺和釉料的限制，纹样线条稀密都有自身的要求，因此要求设计人员既要具备一定的美术功底，还要熟悉景泰蓝的制作工艺，了解各种原材料的性能，以便在创作构思时，充分考虑到制作工艺的特点，使设计意图能够通过产品准确表达，具有整体与和谐的美感（图 2-1）。

图 2-1 景泰蓝作品《欢天喜地》设计初稿

②胎型制作（制胎）：制胎是景泰蓝产品的器形制作环节，按照设计的品种、形式，用紫铜板剪裁、捶打、压等工序制成各种胎型，再将其各部位衔接处上好

焊药，经过高温焊接，焊合成为铜胎器皿。明清时有铸胎、剔胎、钻胎工艺，随着现代工艺技术的发展，现在部分制胎还利用机械进行车、压、滚、旋等工艺，实行机械制胎(图 2-2、图 2-3)。

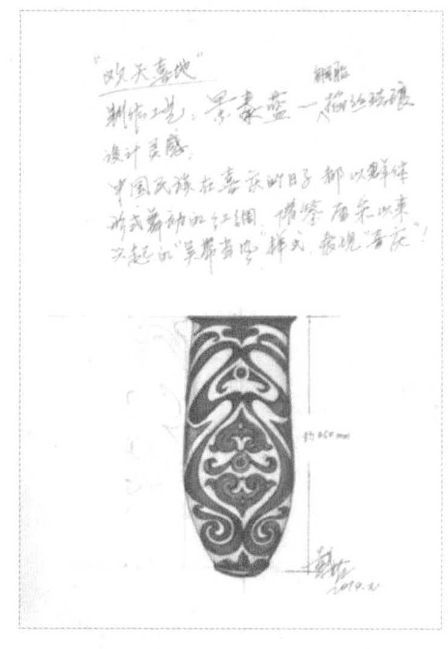

图 2-2 景泰蓝作品《欢天喜地》胎型

图 2-3 景泰蓝制作过程——制胎

③掐丝：掐丝是很关键的工序，行内亦称掰丝，掰活。用镊子将压扁了的具有韧性的细紫铜丝按照图案设计稿掐、掰成各种精美的图案纹样，再蘸上白芨粘附在铜胎上，然后筛上银焊药粉，经 900℃的高温焙烧，将铜丝花纹牢牢地焊接在铜胎上。掐丝工艺技艺巧妙，掐丝师傅凭借纯熟的技艺，掐出生动流畅、富有神韵的图画，绝非易事，堪称能工巧匠(图 2-4)。

图 2-4 景泰蓝制作过程——掐丝

④点蓝：先将铜丝烧焊到胎体上，焊好丝的胎体经过经酸洗、平活、整丝，便进入点蓝工序。所谓点蓝即是上釉，就是用蓝枪（金属小铲）把各种碾细了的珐琅釉料填入丝纹空隙中，经过900℃的高温烧熔，粉状釉料熔化成平整光亮的釉面。一般要反复进行两次至四次的上釉熔烧，方能使釉面与铜丝大致相平，漂亮的釉色附着在铜胎上，器皿表面呈现华丽典雅、五彩缤纷的视觉效果(图 2-5)。

图 2-5 景泰蓝制作过程——点蓝

⑤烧蓝：是把点上蓝的产品放入炉温大约800℃的高炉中烘烧，使蓝料色釉由砂粒状固体熔化为液体，熔化凝结在铜胎和花丝上，熔凝的色釉冷却后成为固着在胎体上的绚丽的色釉，此时色釉低于铜丝高度，所以得再填色釉，再次烧结，一般要连续三四次，直至纹样内色釉与掐丝纹相平。在烧蓝时，需要有经验的师傅根据炉温火候，确定烧的时间(图 2-6)。

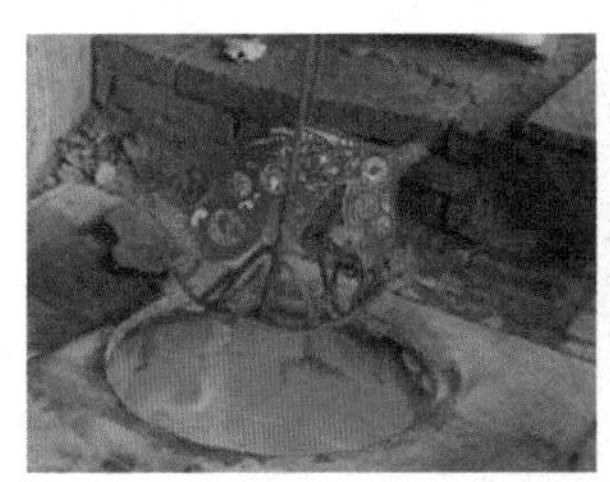

图 2-6 景泰蓝制作过程——烧蓝

⑥磨光：磨光工艺，又叫做“磨活”，分为刺活、磨光、上亮等过程，有手工磨光和机械磨光两种方法。釉色经过点蓝、烧蓝后固定在胎上的丝纹之中，但并不平整，磨光是用金刚石、黄石、木炭分三次将凹凸不平的蓝釉磨平，将釉料的大约 2/3 磨去，留 1/3，凡不平之处都需经补釉烧熔后反复打磨，最后用木炭、刮刀将没有蓝釉的铜线、底线、口线刮平、磨亮，使产品表面平、整、光、滑、亮。把经过二火的产品用金刚砂石磨平叫刺活，用黄石、椴木炭磨活叫磨光。磨活是整个景泰蓝生产工序中最苦最累的一道，手工磨光是历史上沿袭下来的最原始的生产方式，现在一般采用电动磨光机，节省了大量人力，但异形产品仍需要传统的手工式磨光方法 (图 2-7)。

图 2-7 景泰蓝制作过程——磨光

⑦镀金：镀金是景泰蓝生产工艺中最后一道主要工序，是为了防止产品的氧化，使产品更耐久美观，而在产品的表面镀上一层黄金。其工序是将磨平、磨亮的景泰蓝经酸洗、去污、沙亮后，放入镀金液槽中，而后通上电流，几分钟后黄金就牢牢附着在景泰蓝金属部位上了。再经水洗冲净，用锯末蚀干，干燥处理后，整套的景泰蓝生产工序就宣告完成，一件斑斓夺目的景泰蓝便诞生了 (图 2-8)。

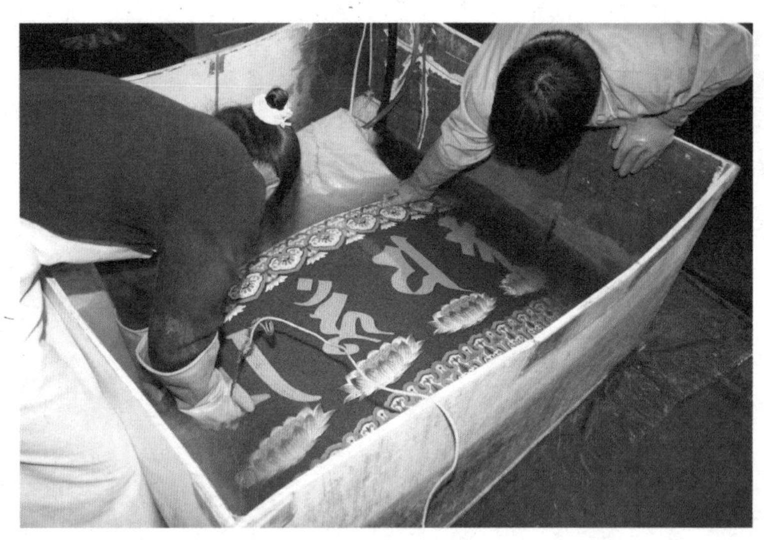

图 2-8 景泰蓝制作过程——镀金

2.1.2 工具操作

教学场地为金属工艺实训室，要具备金属工艺制作工具（边讲授边体验）；工具、材料与设备：纸张、铅笔、铜丝、铜板、釉料、钳子、画规、白芨、火钳、火炉、喷雾器、蓝枪、吸管、錾子、锤子等工具(图 2-9、图 2-10)。

"制胎"及"平活" 要用各种大小的锤子和其它辅助工具，平活就是将胎体固正，使胎体平整，顺滑。

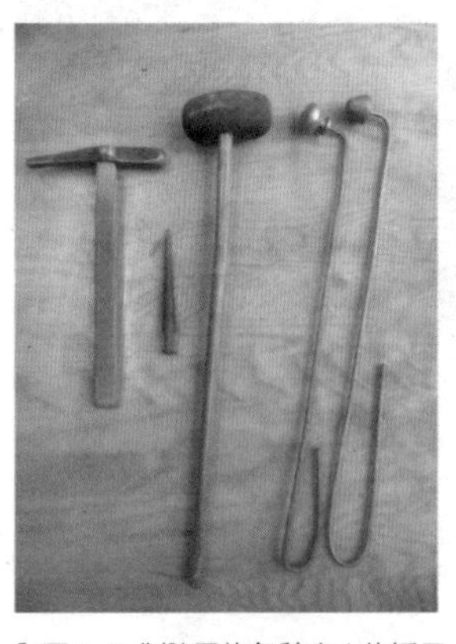

图 2-9 制胎用的各种大小的锤子

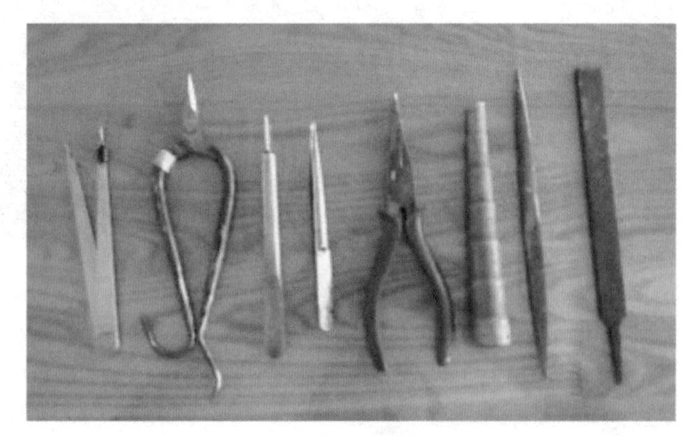

图 2-10 掐丝工具

点蓝主要工具有：①蓝枪，②吸管，③镊子，④錾子，⑤小锤，⑥蓝碟，⑦ 筛筒，⑧喷壶等(图 2-11)。

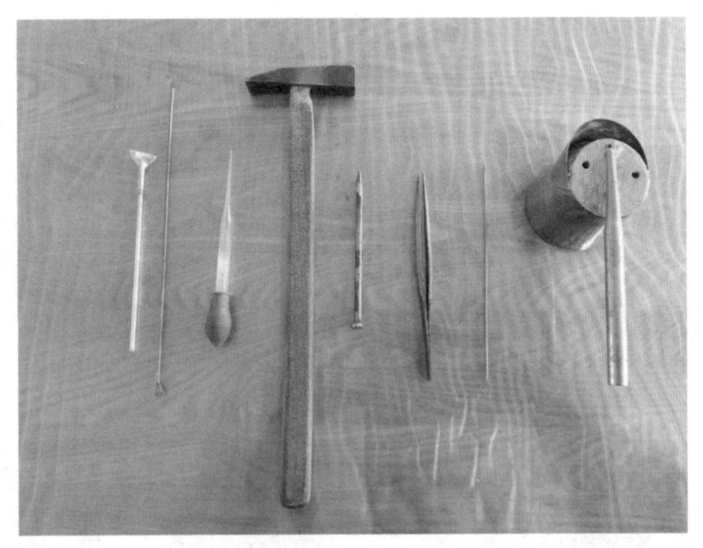

图 2-11 点蓝主要工具

火炉用于烧蓝工序；砂轮用于打磨。根据校内条件，如不具备火炉，至少要配置电窑代替(图 2-12 ~图 2-20)。

图 2-12 电炉

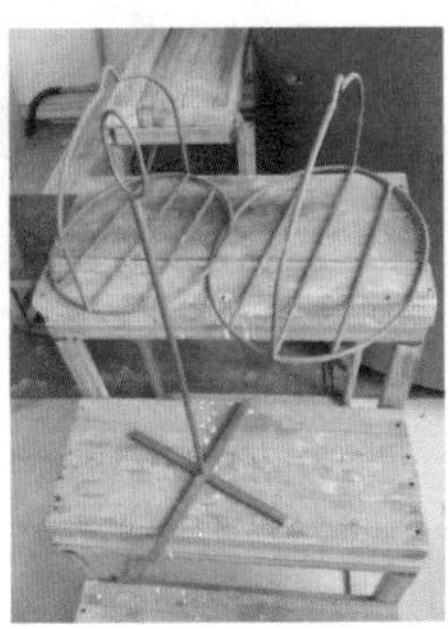

图 2-13 托架、支架

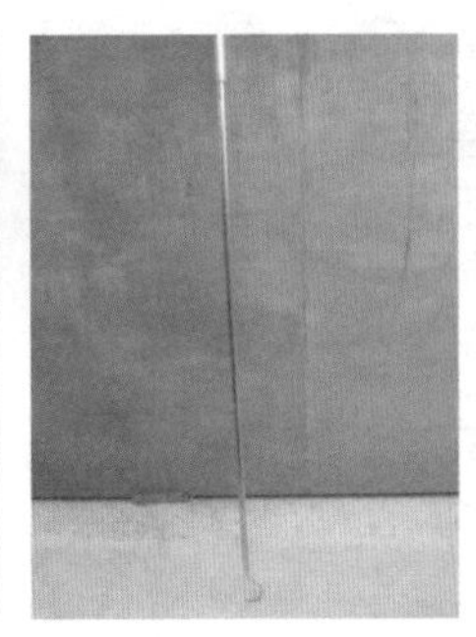

图 2-14 挑杆

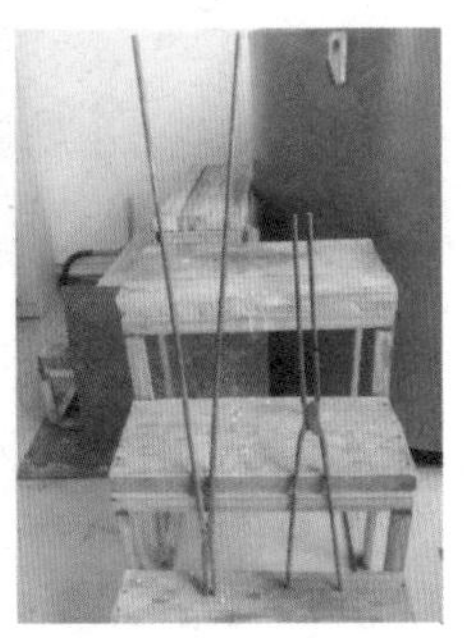

图 2-15 火钳

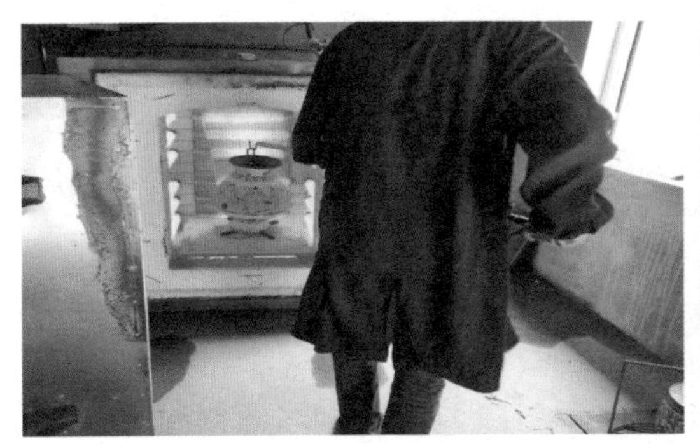

图 2-16 电炉操作

图 2-17 手工磨光所用的砂石

图 2-18 机械磨光所用的机器

图 2-19 磨光时所用的木炭

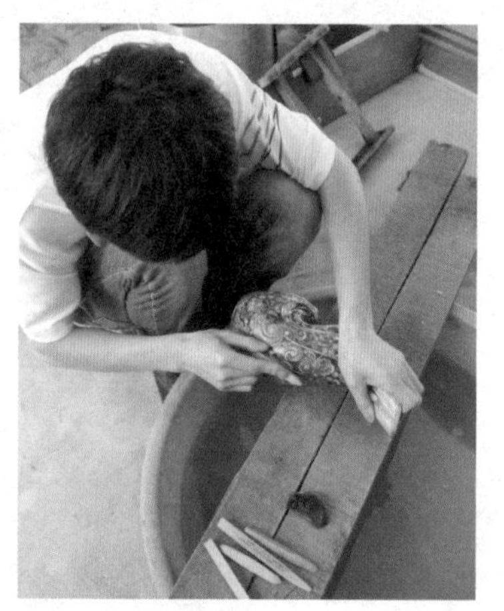
图 2-20 技师手工磨光

2.2 景泰蓝造型与装饰纹样绘制

2.2.1 造型绘制

设计任务：设计一款符合东南亚华人市场的景泰蓝产品，扩大东南亚的销售市场。

设计定位：在造形上突破传统景泰蓝呆板、沉重的形象。做一件创新设计的景泰蓝与花丝镶嵌等多种工艺相结合的时尚艺术品。

此件作品(图 2-21)采用多种工艺结合的手法，把两条生动的小金鱼进行巧妙的组合。由花丝的鱼尾和珊瑚的鱼眼组成的一蓝一红金鱼在红宝灵芝的左右游动着。作品中部犹如一个深海宝盆，丰富的海洋生物结合景泰蓝透底表现手法，使整件作品更显高贵品质。由珊瑚、松石、玛瑙组成的全金双鱼聚宝预示着财源滚滚，福气多多的美好祝愿。

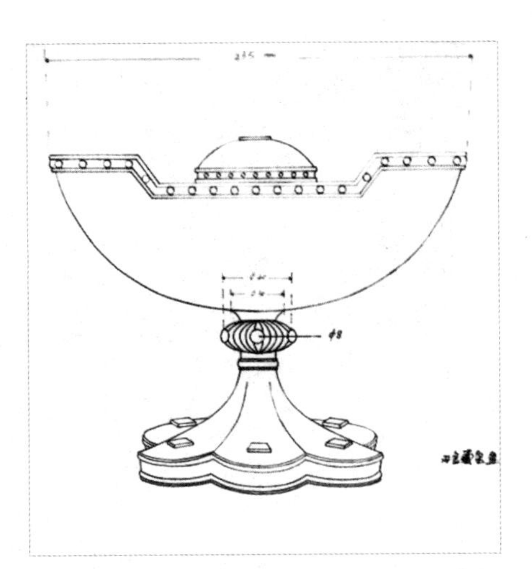
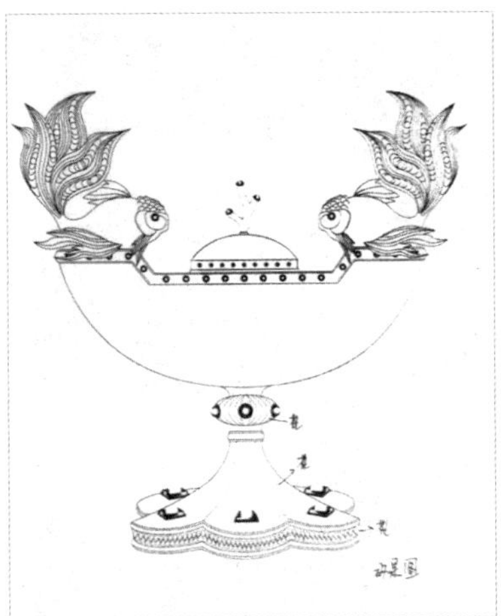

图 2-21《富贵有余聚宝盆》胎形图

2.2.2 纹样绘制

传统样式的景泰蓝花瓶上，往往要用菊、梅、牡丹等纹样进行装饰，而新款式景泰蓝则常用现代构成的手法绘制图案，景泰蓝纹样绘制的特点是纹样无一不繁复精细，既要有中国传统图案的美感，又要富于抽象线条的魅力。无论华贵或素雅，景泰蓝的纹样绘制要能符合不同人群的审美趣味，使这些精巧细致的图案，散发出立体的、昂扬流畅的美感（图 2-22）。

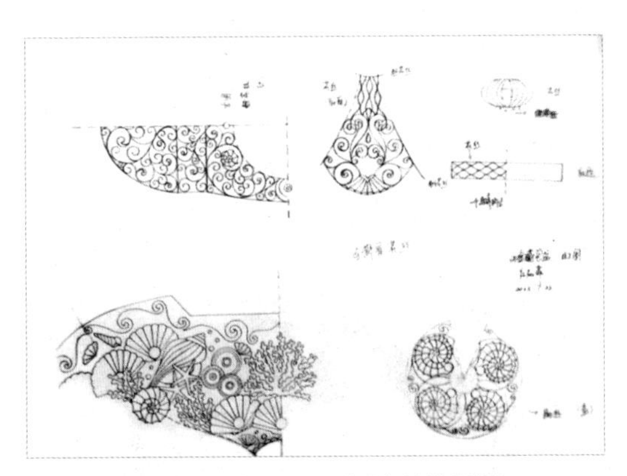

图 2-22《富贵有余聚宝盆》纹样设计稿

2.3 景泰蓝工艺制作

2.3.1 制胎

将紫铜片按照图纸要求剪出各种不同形状，并用铁锤敲打成各种形状的铜胎，然后将其各部位衔接上好焊药，经高温焊接后便成为器皿铜胎造型(图 2-23、图 2-24)。

图 2-23 按照图纸计算好尺寸，将紫铜片剪出各种不同形状

图 2-24 制胎——用铁锤将铜片敲打成形

2.3.2 掐丝

用镊子将压扁了的细紫铜丝掐、掰成各种精美的图案花纹，再蘸上白芨黏附在铜胎上(图 2-25、图 2-26)。

图 2-25 按照丝工图用镊子将铜丝掰成各种花纹粘于铜胎上

图 2-26 掐丝过程

2.3.3 焊丝

将已粘好花纹的胎体筛上银焊药粉，经900℃的高温焙烧，将铜丝花纹牢牢地焊接在铜胎上(图 2-27)。

图 2-27 焊丝的烧焊过程

2.3.4 点蓝

经过掐丝工序后的胎体，再经烧焊、酸洗、平活、正丝等工序后，方可进入点蓝工序。点蓝是艺师把事先备好的珐琅釉料，依照图案所标示的颜色，用由小铲形工具，一铲铲地将珐琅釉料填充入焊好的铜丝纹饰框架中(图 2-28)。

图 2-28 点蓝过程

2.3.5 烧蓝

将整个胎体填满色釉后，再拿到炉温大约 800℃的炉中烘烧，色釉由砂粒状固体熔化为液体，待冷却后成为固着在胎体上的绚丽的色釉，此时色釉低于铜丝高度，所以得再填一次色釉再烧，一般要连续四五次，直至色釉与掐丝纹相平(图 2-29、图 2-30)。

图 2-29 烧蓝过程

图 2-30 烧蓝过程

2.3.6 打磨

用粗砂石、黄石、木炭分三次将凹凸不平的色釉磨平，凡不平之处都需经补釉再烧，最后用木炭、刮刀将没有蓝釉的铜线、底线、口线刮平磨亮（图 2-31）。

图 2-31 手工打磨过程

2.3.7 镀金

将组装好的景泰蓝经酸洗、去污、沙亮后，放入镀金液槽中，通上电流，几分钟后黄金就牢牢附着在景泰蓝金属部位上了。再经水洗冲净干燥处理后，一件斑斓夺目的景泰蓝便脱颖而出了。镀好金的景泰蓝再配上一座雕刻得玲珑剔透的硬木底托，更显出景泰蓝雍容华贵、端庄秀美的姿色（图 2-32）。

图 2-32 镀金后的成品

第3章 景泰蓝创新设计

Chapter Three Cloisonne Innovative Design

3.1 景泰蓝创新设计方法

3.1.1 大师们的创新

· **钱美华**（图 3-1）

受家庭影响，钱美华大师从小就对传统手工艺产生浓厚的兴趣，年少时她在北京第一次看见景泰蓝花瓶，就被其生动细致的花纹，富丽的色泽和造型所折服。“我学美术出身，对美的事物特别敏感。而且技艺是那么精细，都形容不出来了。”1951年钱美华大师毕业于中央美院华东分院，分配到北京特种工艺进出口公司，后被选送到清华大学营建系深造，师从梁思成、林徽因，研修工艺美术，抢救濒于灭绝的景泰蓝工艺，是新中国知识分子中从事景泰蓝专业设计的第一人。曾受国务院委托，参与亚太和平会议礼品设计工作，景泰蓝台灯就是其中之一，郭沫若称“这是新中国第一份国礼”。曾参与人民大会堂北京厅室内装饰设计，受到周恩来总理的赞誉。

图 3-1 中国工艺美术大师钱美华

1953 年，钱美华清华大学毕业后，分配到北京市特种工艺公司任研究员，1958 年钱美华来到北京市珐琅厂从事景泰蓝专业设计工作，这一干就是六十多年，为景泰蓝艺术奉献了自己的青春年华和毕生心血。到珐琅厂担任设计师的钱美华，首先对景泰蓝的造型进行了规格化，按图生产。她把车间的每一道工序列出来制成了表，经她统计，车间大工序分制胎、掐丝、烧焊、点蓝、烧蓝、磨光、镀金 7 道，小的流程共有 108 道，而每一道流程，又分为很多个细节。她在这一时期编写了我国第一部景泰蓝创作教材《景泰蓝创作设计》，毫无保留地教给大家造型、纹样规律和配色方法。为了了解景泰蓝的发展历程，梁思成给钱美华推荐了一位老师，中国历史博物馆研究员沈从文先生。沈先生是著名的考古学家，当时在故宫博物院兼职工作，任陈列部织绣研究组的业务指导。沈先生告诉钱美华，故宫的景泰蓝很多，有几个房间的景泰蓝甚至都摞到了房顶，他给钱美华出了个点子，让她去故宫临摹图案。因为故宫存放景泰蓝的珍宝馆一般不对外开放，所以钱美华和故宫工作人员商量好把自己反锁在里面，清早进去，晚上出来，一干就是连续十多天，终于掌握了传统纹样的规律，整理出了不少失传的图案(图 3-2)。

图 3-2 钱美华大师创作的景泰蓝《周器垒》

钱美华对中国传统图案很有研究，造诣较深。提倡自然简朴，反对雕琢过度，主张不照搬古人，不墨守成规，继承传统并不断探索创新。她设计的图案静中有动，采用多层次装饰手法，丰富不凡，具有浓郁的民族文化和艺术特色，形成了自己独特的艺术风格。她最先突破在景泰蓝工艺上只能表现工笔画图案的框框，把齐白石的水墨写意画搬到了景泰蓝作品中，她创作的作品从风景到人物，从图案到花卉，从传统到现代，大到 233cm 的巨制器形，小到鼻烟壶无不涉足。钱美华还主持研制景泰蓝二代产品“银晶蓝”，并荣获轻工部科研成果三等奖（1987 年）、国家技术进步三等奖（1988 年）。她不断探索、创新工艺的表现手法，与点蓝师傅一起创造了剔染、点蓝等 4 种施釉新方法。八十年代提出并推广素雅色调，即调和色，用色彩学原理和釉色优选的方法，加强景泰蓝色彩的艺术效果。她创作的很多作品曾荣获国家、部、市级金奖，《周器垒》荣获中国工艺美术品百花金杯奖（1981 年）；2005 年创作的《和平颂宝鉴》荣获第二届北京工美杯金奖；《如意尊》获轻工部优秀创作奖（1979 年）、第 41 届国际旅游品和工艺品交易会“金凤凰”创新产品设计大奖赛金奖（2006 年）；《盖碗型瓶》获第二届中国国际文化创意产业博览会中国工艺美术精品金奖（2006 年）。

· **张同禄 (图 3-3)**

张同禄先生出生在有着“中国雕刻之乡”美誉的河北省保定市曲阳县,3岁跟随父亲来京定居,他自幼非常喜欢绘画，1958 年，当时只有 16 岁的张同禄凭借自身的美术功底，在所有考生中脱颖而出，考入北京市景泰蓝厂，在艰苦嘈杂的环境下学习景泰蓝制作技艺。1959 年以优异成绩考入北京工艺美术学校，毕业后进入北京工艺美术厂他被分配到北京工艺美术厂点蓝车间，张大师回忆：“当时国内企业的用人机制很好，学生毕业进厂，必须基层劳动一年，熟悉基本工作程序，然后按所学知识和各自的特点，分头参与设计制作。”北京工艺美术厂的前身就是北京景泰蓝厂，改名之后将牙雕、漆器、玉器、国画等各类艺术创作和生产集中在一处，是当时接待外宾的重要单位。一件精美的景泰蓝器皿汇集美术、工艺、雕刻、镶嵌、玻璃熔炼、冶金等专业技术于一体。张同禄在当时群英荟萃的环境里，几乎学会了景泰蓝所有的制作工序 (图 3-4)。

图 3-3 国家级景泰蓝制作技艺传承人张同禄

“文革”期间，张同禄大师别出心裁，创作出具有时代气息的一批新作。如 1968 年巧妙借力毛主席诗词《蝶恋花 · 答李淑一》的词牌名，创作出《蝶花瓶》，随后又受到首钢生产时钢花飞溅美丽场景的启迪，创作出《钢花瓶》、《鸮壶》等作品。1971 年，年仅 29 岁的张同禄研创的《神鹿宝车樽》，将景泰蓝艺术与玉雕、牙雕、花丝镶嵌等多种工艺相结合，首开景泰蓝与姐妹艺术融合之先河。

图 3-4 张同禄大师作品《鸟杯》

张同禄大师从事景泰蓝设计工作，主要精力用于传统工艺的改革与创新。张同禄大师在艺术创作上，不赞成墨守成规，他始终坚持创新，弘扬创新精神。1979 年，他的创作生涯发生重大转折，被任命出任北京工艺美术厂技术副厂长兼总工艺师，主管全厂技术创新、创作设计及质量。这一历史性机遇成就了中国景泰蓝艺术吸纳各种行业精华，走向与多种艺术结合之路，同年，张同禄创作的《孔雀屏灯》、《鸟杯》被评为国家珍品，由国家工艺美术珍宝馆永久性珍藏。1981 年，张同禄大师开发了“琥珀晶画”工艺，该工艺的一大特点是可以用于平面创作，如壁画、屏风等。1985 年，第一部《中华人民共和国专利法》颁布，“琥珀晶画”是我国第一项申请到专利的工艺（图 3-5）。

图 3-5 张同禄大师作品《钢花瓶》

在 50 多年中，张同禄大师创新研发了景泰蓝色彩釉料、多种主题造型、掐丝图案等很多项发明创新，使传统的“艳”变“雅”，此举在中国景泰蓝传承史上具划时代意义；器物造型上也从传统的瓶、盘、罐，创新到具有传统文化内涵鼎、尊、杯、等仿生作品，小有不足盈尺灵动摆件，中有大量的半米高主题作品，大到丈余厅堂及广场装饰物件；还创作出一批大工业发展时期的作品，作品富有时代特色，及艺术风格。其作品承袭数百年的皇家气质并且在此基础上突破创新，以奇妙的构思、丰富的釉色变化、多样的工艺融合不断地超越传统，使作品题材广泛、造型多彩多姿，风格清逸新颖、超凡脱俗，并以新、巧、俏、美、雅及强烈的时代感形成了自己鲜明独特的艺术风格，自成一派，至今张同禄大师已创作出数百件作品，其中获奖作品 40 余件，《鸟杯》等 10 余件作品被国家博物馆收藏。1994 年他设计的高 4 米多，重 4 吨的《华泰宝亭炉》堪称景泰蓝之最。张大师的作品，除了给人视觉以玲珑俏丽、华贵典雅的荣表外，更深层的是主题造型比传统景泰蓝器物的造型赋予更多的创新，更具有的深厚的传统文化和传统哲学思想。他把自然界鲜灵活现、司空见惯动物、花鸟，传说中的“龙”“凤”以及神兽，与传统成语、词句及典故有机结合在一起，塑造出一种景泰蓝主题文化，将景泰蓝发展推行一个新的高度。

· **钟连盛**（图 3-6）

1962 年生于北京，满族，中国工艺美术大师、国家级非物质文化遗产传承人、北京市特级工艺美术大师、高级工艺美术师，现任北京市珐琅厂有限责任公司总经理，总工艺美术师。中国民主建国会民建中央画院工艺美术专业委员会副主任、中国工艺美术协会会员、中国工艺美术学会金属艺术专业委员会副会长、北京工艺美术行业协会理事、北京传统工艺美术评审委员会委员、北京工业设计促进会常务理事、国家职业技能鉴定高级考评员、曾任崇文区人大代表，现为东城区政协委员（图 3-7）。

图 3-6 国家级景泰蓝制作技艺传承人钟连盛

图 3-7 钟连盛大师作品《连年有余》系列

钟连盛大师 1980 年毕业于北京市珐琅厂技校，同年留校任教。1987 年毕业于北京艺术设计学院，后在北京市珐琅厂从事景泰蓝的制作的传承、开发、设计及管理工作。钟连盛大师为人诚恳、功底深厚、治艺严谨，作品清新细腻、风格典雅独特，主张在继承传统的基础上不断探索、创新，因此在开发创作中始终倡导简约、抽象、现代的设计理念。无论是技艺的革新发展、还是题材内容的挖掘、表现，特别是近年来在传统工艺同现代环境装饰相结合这一新的领域中的发展应用上，均有所突破和超越，作品具有鲜明的现代感和时代气息。在多年的工作实践中，无论是在推动企业技术进步、产品研发的创新意识，还是自己专业设计的创新能力上，都取得了很大成绩，多次荣获国家和部、市级金奖(图3-8)。

图3-8 景泰蓝传承人钟连盛作品《春夏秋冬系列》

3.1.2 借鉴法

2014年在北京召开APEC会议时，由北京工美集团设计的国礼《四海升平》景泰蓝赏瓶(图3-9)，就是借鉴了瓷器造型中的“玉壶春瓶”(图3-10)。这件APEC国礼《四海升平》景泰蓝赏瓶既有题材创新，又运用传统文化，同时还加入现代时尚文化。

图3-9 APEC国礼《四海升平》景泰蓝赏瓶

关于玉壶春瓶及其名称的来历，盛行这样一个传说，相传在宋代熙宁年间，大学士苏东坡路过景德镇，特地去寻访他的一位禅友佛印和尚，得知佛印云游

图 3-10 传统瓷器造型——玉壶春瓶

未归，他就信步闲逛到一个制瓷的作坊，他见一位老人坐在轱辘车上拉坯，就他对老人说："久闻景德镇瓷器贯通文化，诗词歌赋皆能以绘画而描述，但不知这瓷器造型能否表达王昌龄的一首诗：寒雨连江夜入吴，平明送客楚山孤。洛阳亲友如相问，一片冰心在玉壶。"老人听了以后，略作思忖，就拨动车轮，须臾间塑出了一个撇口细颈敛足的器型来，老人说："此器如心倒置，谓之'心到'了，撇口寓示'敞开心扉'，以器抒志，客官以为如何？"东坡见了，不由得信服之至，感慨地说："冰壶者，表里澄澈，光明磊落。"苏东坡兴情所至，当即赋诗一首，其中有"玉壶先春，冰心可鉴"两句尤为脍炙人口。后来佛印和尚闻讯赶来，也欣然写下了"清如玉壶冰，贞见玉壶春"的诗句。当然，这只是一个传说，但是，如果站在传统文化的角度追根溯源的话，也有据可查，甚至可以因此而滔滔不绝。《易传》上说："形而上者谓之道，形而下者谓之器。"其中的"道"与"器"，它们的定义以及相互之间的关系，用今天的话来解释，道是客观规律，器是客观存在的事物。道是器的发生、发展、变化的自然规律，器则是自然规律的载体和展现。由此决定，中国传统造物领域里的"器以载道"，不但是造物者矢志不渝的原则，同时也是他们坚持不懈的追求。在器以载道这一传统造物艺术思想的要求之下，造物者始终要通过形态语言传达出高尚的趣味和境界，体现出十足的审美功能和文化价值。在人际关系中，器以载道是要实现社会的和谐；在人与自然的关系中，器以载道是要实现天人合一；在人与器物的关系中，器以载道是要实现心与物、文与质、神与形、艺与材、美与用的相得益彰。

3.1.3 融入现代设计观念

《心语》是一件融合中西方文化元素，以爱情为主题的现代景泰蓝时尚艺术作品，是一件创新设计的景泰蓝艺术品。在造形上突破传统景泰蓝呆板、沉重的形象，作品造形优美，两只天鹅相对而立，呈心形状，给人以视觉及心灵美感，故起名为心语，亦是灵性的心语（图 3-11）。

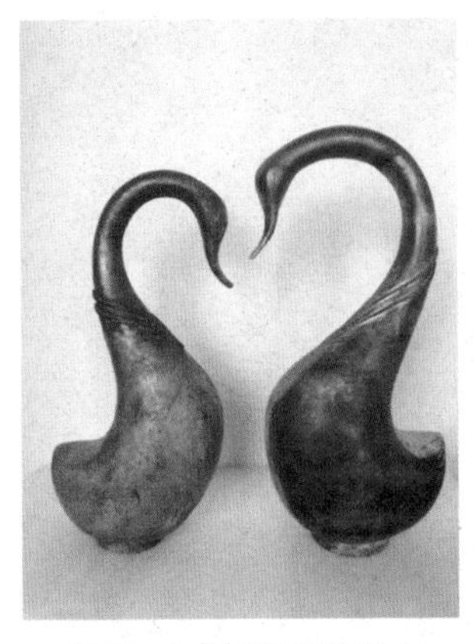

图 3-11《心语》铜胎造型

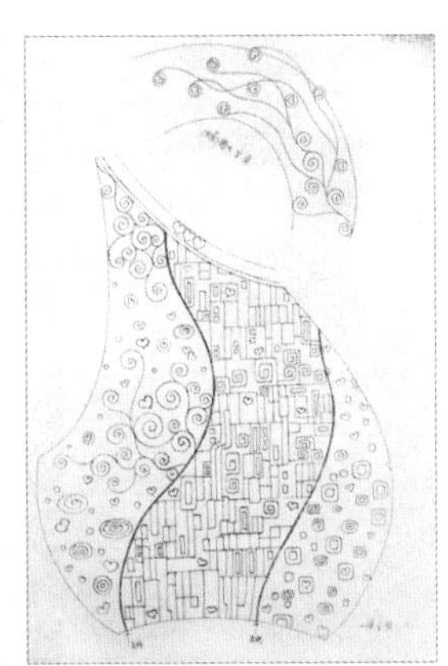

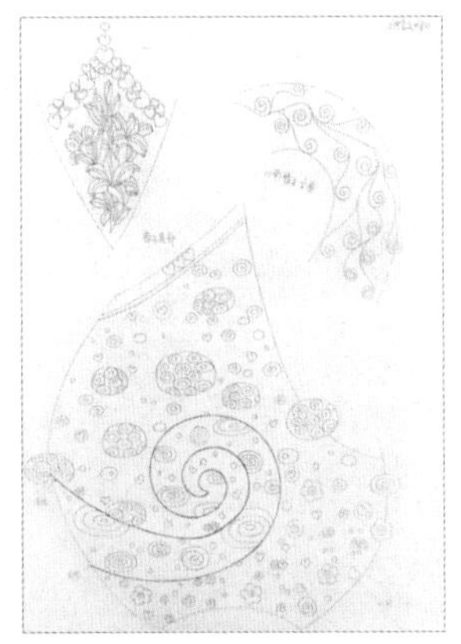

图 3-12《心语》丝工图

《心语》周身饰以现代花纹、几何图案，颜色绚丽多彩，具有现代青春、时尚美感。作品优美的造型充分表达了两只天鹅的爱恋之情，两只天鹅围成心形，象征了纯洁的爱情。观赏时既是视觉的享受，使人感动，又能让人产生许多联想，启迪人们心灵深处的纯洁情感。景泰蓝的制作工艺精湛，充分表现出天鹅的雍容华贵和端庄秀美(图 3-12、图 3-13)。

图 3-13《心语》景泰蓝成品

3.1.4 注入时尚因素

时尚代表着某个时期人们的审美观念和价值观念。如何给传统景泰蓝艺术注入现代时尚特征，是现代景泰蓝创作的重要课题。在艺术传承过程的各个时期，不断的艺术创新充分体现了各个时期的时尚特征，令景泰蓝艺术表现出永恒的魅力。纵观中国景泰蓝艺术演变发展历史，不难看出在其整个发展过程中，工艺与技术是一个不断完善的过程，特别是在文化层面对其他文化艺术“营养”成分的不断汲取，其中包括艺术语言和表现技法的借鉴，以及为适应人们不断变化的审美需求，而不断变化地内容（图 3-14 ~图 3-16）。

图 3-14 熊氏景泰蓝作品《雀之灵吊坠》

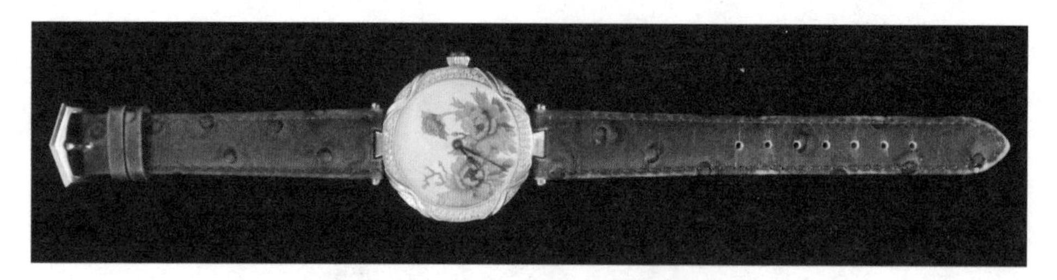

图 3-15 用景泰蓝制作的《时尚手表》表盘（熊氏）

图 3-16 熊氏景泰蓝作品《时尚手镯》

3.1.5 曲别针的启示

在一次创造研究会议上，日本创造学家村上信雄拿出几只曲别针，同时提出一个问题："这些曲别针有多少用途？"一位学者说有 30 多种。村上信雄自己证明说有 300 多种、大家为他热烈鼓掌。这时台下有人递上一张纸条，上写着：曲别针可以有亿万种用途，他提出的这个方案后来被称为魔球现象。根据他的论证，曲别针可以和各种酸类及其他化学物质产生不知道多少中反应；曲别针可以变成 1、2、3、4、5、6、7、8、9 和加减乘除，可以变成英文、拉丁文、俄文字母，于是天下所有的事物，曲别针都可以表达。这个事情告诉我们创意思维就是要敢于用一种事物与其他所有的事物结合，艺术创作有了这样的思维也就形成了丰富多样的创造力，对于景泰蓝的设计与创新就是要用景泰蓝与其他材料、其他工艺、其他所有事物进行结合，从而形成景泰蓝的创新产品 (图 3-17 ~图 3-20)。

图 3-17 景泰蓝与现代家具的结合

图 3-18 景泰蓝与木制品的结合——首饰盒

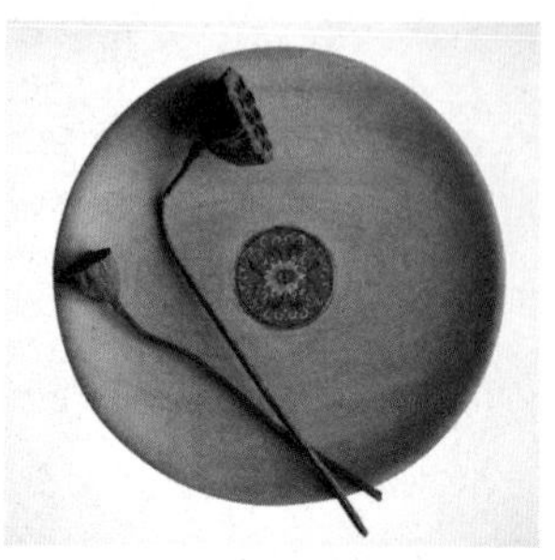

图 3-19 景泰蓝与木制品的结合——香插

图 3-20 景泰蓝与木制品的结合——观赏盘

3.2 景泰蓝创新设计工艺制作

3.2.1 拟定项目选题

传统文化创新产品开发，设计符合传统特征，具有时尚特点，色彩明快、装饰感强的景泰蓝家居装饰品。这可谓继承传统，古为今用。要突出视觉冲击力，用明快的色彩扑捉收藏者的眼球，达到赏心悦目，雅俗共赏的效果。

3.2.2 项目实践

案例：古韵雅风（景泰蓝）(图 3-21)

图 3-21《古韵雅风》三件套丁明鸿创作于 2008 年

设计过程:

① 绘制胎形图(图 3-22)

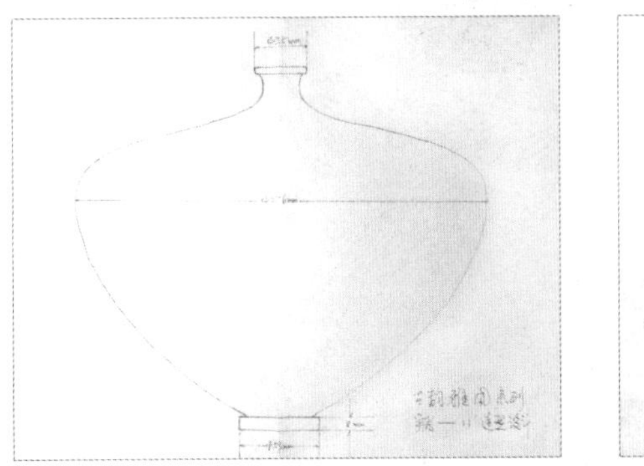

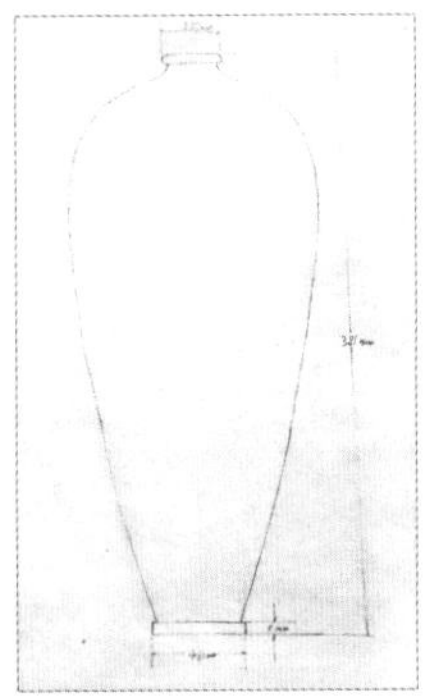

图 3-22《古韵雅风》铜胎造型设计图

② 绘制掐丝图(图 3-23)

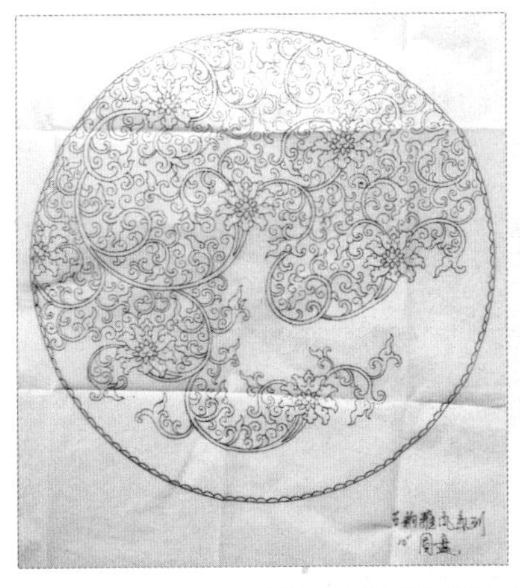

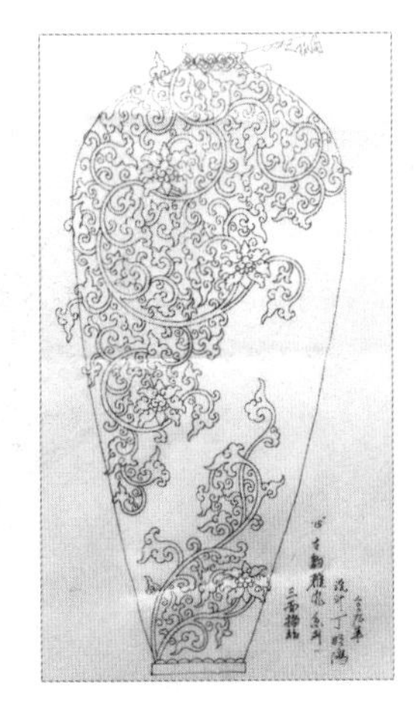

图 3-23《古韵雅风》丝工图

③ 制铜胎(图 3-24)

将紫铜按设计好的器型图制作出来。制胎分为手工制胎和开模具制胎两种。制铜胎工序分为下料、裁型、衔接、上线、带焊药、烧焊、平整等制作工艺。

图 3-24《古韵雅风》铜胎

④ 掐丝(图 3-25)

掐丝分为掰花和粘花。掰花是用镊子将铜丝按照设计好的图案掰出来，再用煤火、气火烧软，以备沾花使用；粘花，是将掰好的纹样用白芨粘合剂粘在铜胎之上。

图 3-25《古韵雅风》掐丝完成

⑤点蓝（图 3-26)

点蓝技师要将焊好丝的器皿用酸水浸泡，清水刷洗干净方可以实施点釉。点蓝釉料为天然矿物质经烧制研磨而成，技师根据纹样要求和色彩图配置釉料，每种颜色一般要有五个以上色阶。点蓝技师用特制工具（蓝枪和篮管）将配制好的釉料点在丝与丝之间。

图 3-26《古韵雅风》点蓝过程

⑥ 烧蓝（图 3-27 ~图 3-29)

点蓝完成后再放进 800℃左右的炉火中进行烧蓝，这样的点、烧过程要在一个器皿上进行三到四次，方可完成烧蓝工序。

图 3-27《古韵雅风》烧蓝过程——头火

图 3-28《古韵雅风》烧蓝过程——二火

图 3-29《古韵雅风》烧蓝过程——三火

⑦ 打磨 (图 3-30)

打磨就是将点烧好的器皿在电动磨活机上转动打磨，先用粗砂石，再用细砂石进行磨制，这期间磨一次进火烧一次。之后用黄石（人造石）精心磨。磨平之后，再用椴木炭磨出光泽，直至明亮照人。

图 3-30《古韵雅风》打磨完成

⑧ 镀金 (图 3-31)

在明清景泰蓝都是鎏金，现在我们采用 24k 黄金电镀完成。

《古韵雅风》系列作品是 2008 年创意设计、制作的具有时代特色的景泰蓝创新作品，从 2008 年至今已成为新题材景泰蓝的热销产品。每年各文化公司都有一定批量定制，形成了近千万元的市场价值。

图 3-31 完成镀金后《古韵雅风》

第4章 传统金属工艺装饰纹样创新应用

Chapter Four Innovative Application of Decoration Pattern in aditional Metal Process

4.1 传统金属工艺装饰纹样创新设计方法

4.1.1 传统金属纹样的特点

青铜器的出现是为适应当时奴隶社会生活需要，精致的青铜器制造技艺证实了当时金属冶炼工艺的成熟，成为我国非物质文化遗产的一块瑰宝。兽面纹装饰神秘、威严、庄重，也体现了中国传统君主文化深刻内涵和铸造工匠精湛技艺的工艺风范。从艺术性分析，它们在以下三方面达到了致高境界：主题内容与表现形式的高度统一，人文感性与规范理性的交融，历史再现与艺术表现的完美结合。

商代青铜器的兽面纹，多用雷纹加以衬托，这一时期以夔龙为图腾，线条刚直粗旷，以直线折线居多，有狞厉之美。周代以凤鸟为图腾，多用曲线且线条纤细整体更加柔美，主要在腹、颈部做装饰。周代推行礼制，造型、纹样、色彩，都和礼治相关。礼制体现一种秩序，而在装饰上，则对应表现着秩序美、韵律美、节奏美 (图 4-1)。

图 4-1 商代青铜器纹饰

饕餮纹是青铜器具有代表性的装饰主题，实际上饕餮是古人臆造的一种贪食的怪物，其造型像虎似牛，常作为牛羊猪 “牺牲” 的祭品，它有通天地、辟邪驱鬼的含义。饕餮装饰以抽象化、象征化手段艺术处理，对称的装饰形式象征庄重和威严，富有神秘的宗教意义。纹样适合在鼎器上部矩形的空间，粗壮的主纹与精细地纹，主次分明，虚实相生，体现出充实而丰富的视觉效果(图 4-2 ~图 4-6)。

图 4-2 青铜器——后母戊鼎(商晚期)

图 4-4 青铜鼎(手绘稿)

图 4-3 兽面纹

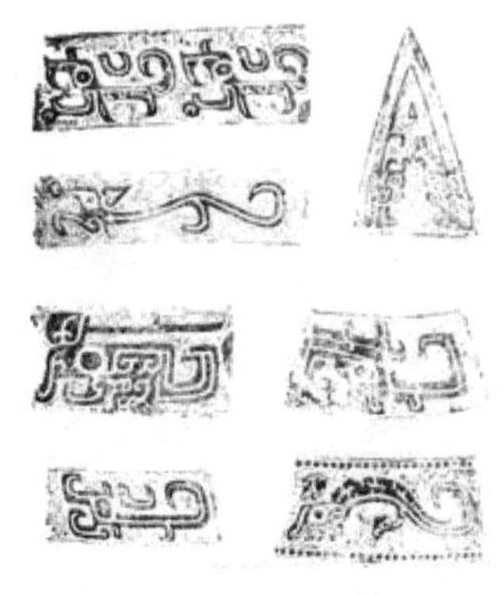

图 4-5 青铜器的夔龙纹

图 4-6 青铜器的凤鸟纹

春秋战国时期，青铜器的使用由商代的“祭”和周代的礼渐渐转向现实生活。器物向实用型、轻巧型发展。具有鲜明的地方性特色，各式各样，别具特色。直到六朝时期，装饰题材上才打破了当时神兽云气的传统内容，出现了新的题材，如佛教内容。并出现了清秀、空疏的艺术特征 (图 4-7)。

图 4-7 春秋战国时期铜镜

唐早期忍冬纹与莲花纹、云纹等其他纹样结合形成混合“卷草纹”，做法工整精细，纹样程式化，富于装饰性；唐中期多以鸟或者花朵作为中心图案，组成团纹，四周围绕缠枝，具有繁缛、富丽的风格，反映出盛唐时期的华美和丰满。唐晚期多为单独的花枝或者动物，常采用对称的格式，具有写实作风 (图 4-8、图 4-9)。

图 4-8 唐中期铜镜

图 4-9 唐晚期铜镜

4.1.2 提炼经典纹样形成创新设计应用

传统金属工艺品上往往都有精美的装饰纹样，中国传统金属纹样是中华民族传统文化的重要组成部分，是不同时期的人们在特定的环境下创作出来的，是民族文化的艺术表现形式，蕴含着深厚的文化内涵和艺术价值。在现代设计中，它可以用于残品设计、首饰设计、包装设计、版式设计、标志设计等多方面的设计领域，今天我们传承这些文化，不仅仅是肯定，更应该以辩证的态度去取舍，并在其基础上不断创新，将传统的纹饰与现代设计相互融合，它们是中国设计面向世界的符号。

在将传统金属纹样应用在现代艺术设计时，还要充分理解这个传统纹饰它所带有的寓意和内涵，融入鲜明的时代特征，使得传统纹样与现代产品的风格、色彩、用途有机地结合在一起。

传统纹样在产品设计中的应用如图 4-10 ~ 图 4-12 所示。

图 4-10 用于现代的花丝镶嵌首饰

图 4-11 现代酒壶

图 4-12 电脑主机的装饰

传统纹样在版式设计中的应用如图 4-13、图 4-14 所示。

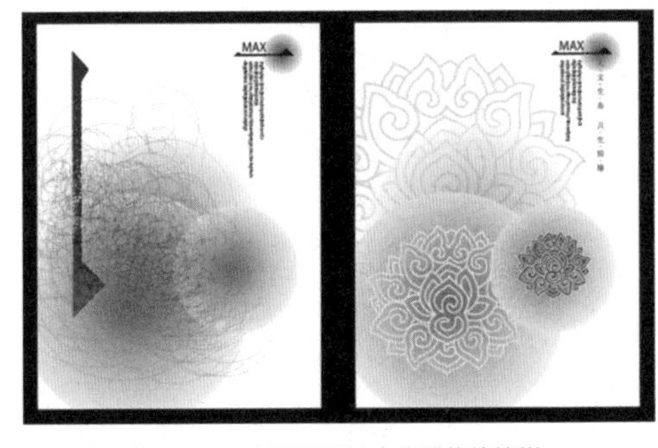

图 4-13 在海报设计中应用传统纹样

图 4-14 在书籍设计中应用传统纹样

4.2 传统金属工艺装饰纹样创新应用

4.2.1 在包装设计中应用装饰纹样

通过将传统装饰纹样应用于包装设计的实训项目，要求学生做出以前完成的景泰蓝作品的包装设计，使学生进一步理解专业理论，并更好的继承传统文化，做出符合创新要求的包装设计（图 4-15、图 4-16）。

图 4-15 包装设计

图 4-16 产品及包装设计

4.2.2 汇报文案中应用装饰纹样

在汇报文案中应用装饰纹样的实训项目中，进一步应用传统金属装饰纹样，使产品、包装、汇报文案达到三位一体，形成形式统一的系列作品（图 4-17 ~ 图 4-20）。

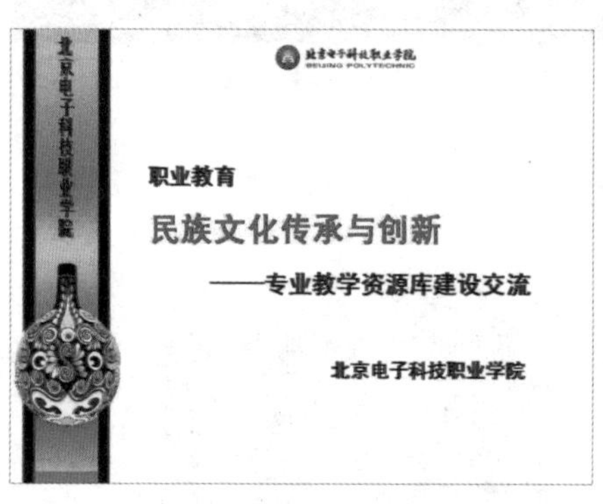

图 4-17 ppt 版式设计

图 4-18 项目建设方案封皮设计

图 4-19 在 word 文案中应用传统纹样

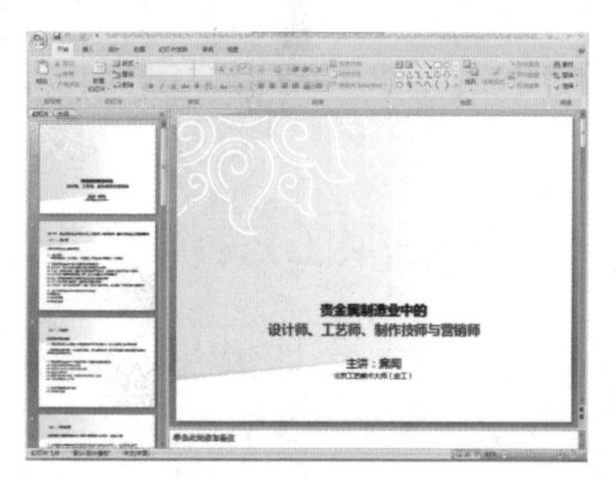

图 4-20 ppt 版式设计

第5章 作品赏析

Chapter Five Works Appreciation

5.1 景泰蓝精品赏析

景泰蓝制作工艺烦复，造价不菲，古代多是宫廷用品，景泰蓝大型器物具有敦实有力和庄重的气派，又有五光十色、金碧辉煌的富贵气氛，景泰蓝得到皇帝的赏识，成为御用的贵重工艺品。当我们走入紫禁城，进到太和殿、中和殿、宝和殿时，可以看到皇位前及两侧对称地安放着景泰蓝大炉鼎、大仙鹤蜡台、熏等器物。这些景泰蓝制品与殿内高大的柱子、巨幅的匾额，端庄的宝座、暗淡的光线高度协调，给人以肃穆、威严的感觉。人们一进大殿，视线通过前面的景泰蓝大鼎及两边的景泰蓝饰物便集中注视到皇帝的龙座。景泰蓝优美的蓝色和金光闪闪的效果给单调、严肃、昏暗的空间点缀了美丽的色彩，并给宫殿增添了豪华的气氛。

· **《铜胎掐丝珐琅八宝纹熏炉》万历时期**（图 5-1）

熏炉通高 9.1 cm，盖面 26.8 cm × 14.4 cm，底面 25.5 cm × 13.2 cm，呈长方形，平盖面，朝冠式双耳，垂云形四足。器身四壁以灰白色釉为地，珐琅色彩偏淡，装饰有掐丝彩釉勾莲八宝纹，颇为新颖。盖面无珐琅釉，做成铜镂空镀金纹饰，边框一周为“卐”字形的吉祥纹饰，边框内饰绣球纹。熏炉底部施珐琅釉彩花，中心处以如意云纹组成长方形框栏，框内红釉彩“大明万历年造”楷书双行竖款(图 5-2)。此器胎体较薄，成型规矩，釉面比较平滑，砂眼细小。这些特征展现出万

图 5-1 万历时期《铜胎掐丝珐琅八宝纹熏炉》

历时期珐琅烧造工艺的进步与发展。明万历时期掐丝珐琅器的风格特点出现了前所未有的变化，主要表现在珐琅色彩的运用和色调搭配上。这一时期除继续以蓝色珐琅作地色外，新出现了白、绿、赭色地，或在一件器物上同时使用两三种颜色的珐琅作地，且较盛行暖色或中间色。由于当时宫廷的宗教氛围，八宝纹、卐字纹等纹样在珐琅器的装饰中随处可见，此熏炉即是一例。

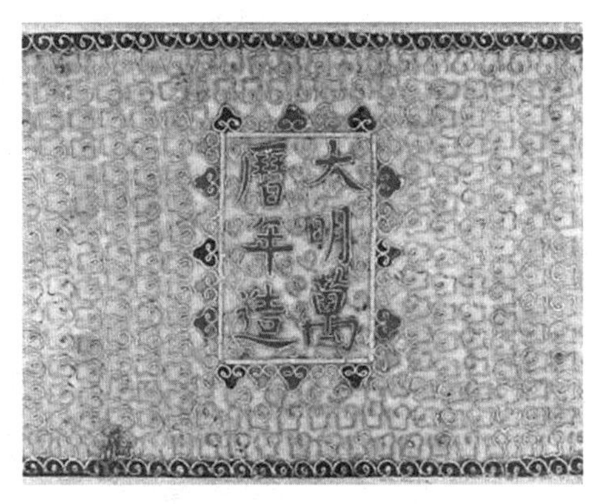

图 5-2 “大明万历年造” 楷书双行竖款

· 《掐丝珐琅双鹤香炉》清雍正时期 (图 5-3)

这对香炉为御制传世珍品，其体型硕大，做工精细，是弘历 (后来的乾隆皇帝，制作时其尚为太子) 为雍正皇帝贺寿而制，因此才有“大鹤 + 小鹤”的造型。鹤象征和平、长寿，大鹤口中之桃子是小鹤送给大鹤的礼物，也表现了弘历祝贺父亲雍正长寿的意愿。此器造型逼真雄伟，纹饰镶嵌精细，是掐丝珐琅和錾胎珐琅相结合的工艺，表现出雍正朝艺术品的严谨制作和艺术修为。鹤身中空，嵌白色釉，背施条状蓝釉，以掐丝作羽纹，鹤嘴施墨绿釉，红顶。翅膀可开合，具有盖子的功能。底座为錾胎珐琅，石造型部分为蓝釉，下沿有绿、白相衬的掐丝珐琅饰浪花。当香炉点起，烟从鹤的口中缓缓飘出，萦绕旋转，仿如身置仙境一般。这对掐丝珐琅双鹤香

图 5-3 清雍正时期御制《掐丝珐琅双鹤香炉》

炉除了具有器形巨大、做工精美的特点之外，其双鹤为一组的造型也颇为罕见。该对香炉自清末后长期流落在外，在英国“放山居”收藏。

·《和平颂宝鉴》钱美华（2005 年）

《和平颂宝鉴》(图 5-4) 以和平鸽、橄榄枝、吉祥鸟、牡丹花、万年青等题材为内容，用中国传统的图案方式进行排列组合，构图严谨，色彩以红为主色调，用色讲究、和谐。作品歌颂了我们的祖国和平、繁荣、昌盛，人民和谐、幸福。直径 38.1 cm。

该作品是钱美华大师 78 岁高龄时创作的，2005 年荣获“第二届北京工艺美术展工美杯”金奖。

图 5-4《和平颂宝鉴》

·《馨蕾花插》张同禄 (图 5-5)

本作品是由含苞待放的花蕾及从叶片中悬挂出的蛋形花薰两部分构成，硕大的花蕾呈现出一条优美的弧线，宛如少女曼妙的腰身，花蕾侧面翻卷出一片婀娜舒展的叶片，旋涡状的叶尖悬挂着一枚小巧精致的花薰。作品造型挺拔俏丽、构思巧妙、色彩典雅。花蕾镶嵌了多种珍贵玉石，把作品衬托得更加高雅、名贵、生机勃勃。此作品在工艺美术精品展中获得大奖。

张同禄大师的作品新颖清逸、超凡脱俗、题材广泛、造型多姿多彩，他以奇妙的构思、和谐的釉彩变化不断地超越传统，使作品风格古雅而又富于时代韵味，并以新、巧、俏、美、雅及强烈的时代感形成了自己鲜明独特的艺术风格，自成一派。

图 5-5《馨蕾花插》

· 《荷梦》系列 钟连盛（2001 年）

作品《荷梦》(图 5-6)，似梦中拨开水纹，野鸭在荷中亲密而行，力求营造一种和谐的自然意趣，使装饰赋予抒情浪漫的情调和崭新的时代气息。器型简洁、流畅、现代，并采用成套装饰的方法，风格统一又富有变化，增强了作品的艺术感染力。在色彩的处理上，突破了以往常规、平淡的处理手法，通过点蓝的控制，表达意境，提高了作品的艺术品味。在工艺上的创新，使得瓶身大面积无丝而不崩蓝。荣获“2001 年西湖博览会 · 第二届中国工艺美术大师作品暨工艺美术清品博览会”金奖。

图 5-6 钟连盛景泰蓝作品——《荷梦》系列

· APEC 国礼“四海升平”景泰蓝赏瓶（图 5-7）

2014 年 3 月，一纸关于 2014 年 APEC 会议领导人及配偶礼品的设计制作邀请函发出，征集内容包含领导人礼品和配偶礼品两部分，设计要求中提出，礼品要体现中国特色，展示中华威仪和大国风范，弘扬中国文化，突出北京文化特色；要紧扣 2014 年 APEC 会议主题“共建面向未来的亚太伙伴关系”；要体现传统与现代相融合，追求艺术性、实用性，显示中国艺术水平和制作水平，配偶礼品尤其需要注意艺术性和实用性相结合。

北京工美集团随即成立了精英团队，开始着手设计。经过半年的努力，北京工美集团提交了领导人礼品方案 48 个，配偶礼品方案 35 个。北京工美集团总工艺师郭鸣透露，提交的 83 个方案其实是在团队创作的 180 余个方案中筛选出来的。而这 180 余个方案呈现出的工艺品品种基本涵盖了中国和北京最具代表性的传统工艺，包括景泰蓝、金丝镶嵌、雕漆、内画、玉雕等。

在 2014 年 8 月 26 日最后一轮筛选中，习主席亲自挑选出瓶身 38 厘米高（为天坛祈年殿 38 米身高的等比例缩小）的《四海升平》景泰蓝赏瓶。“四海升平”景泰蓝赏瓶的细长瓶颈显得瓶型典雅优美，通身碧蓝的瓶身上水波荡漾，圆形的 APEC 会标、天坛等标志居中。“四海升平”景泰蓝赏瓶由中国七位国家级、北京市工艺美术大师联手创作。采用北京工艺美术“四大名旦”之一的景泰蓝工艺，以藏于北京故宫博物院的霁红釉玉壶春瓶为原型，创新性地把画珐琅工艺、錾胎珐琅、掐丝珐琅三种传统珐琅工艺结合在一起。开光部分图案以画珐琅工艺，纯手工绘制。正面为 2014 届 APEC 会议标志，背面为北京雁栖湖 APEC 会场，两侧分别为北京标志性建筑天坛和怀柔慕田峪长城。

这款赏瓶的包装是香槟色皮箱，并印有“中华人民共和国主席习近平赠”字样。包装之内还配有卷轴形的丝绸中英文说明书，详细解读礼品的材质、规格、工艺以及寓意。

图 5-7 APEC 国礼“四海升平”景泰蓝赏瓶

5.2 民族特色金属工艺精品赏析

·苗族银饰的头饰（图5-8）

苗族银冠装饰繁复，分为三层：上层银花成百株，它们会随着人的运动节律而摇摇摆摆；中间为银冠主要部分，象征太阳的装饰纹，被左右两边的蝴蝶与花饰所簇拥，各种造型的鸟、蝶、动物高处花簇之上，或翔或踞，形态逼真。下层还装有16片银脚和100多个装饰吊坠，给人以满头珠翠、雍容华贵的印象。

银冠上闻名遐迩的黔东南苗族大银角，其造型源自祖先蚩尤“头有角”的形象，旨在祭祀祖先、获得其保佑。一只巨大的银角置于姑娘的头顶，庞大的头饰所形成的巨大体量在整个视觉关系中占据压倒一切的比例，成为苗族银饰的一个典型符号。硕大的银角不但应用在银饰上，在建筑、服饰、民俗活动各方面都有体现。

图5-8 苗族银饰

银冠纹样与水泡和花卉有关，但发射状的层级表现，与万物之神太阳也有着一定的联系，点线面和谐统一，繁琐的纹饰及精美的工艺使银冠已远远超越了帽子的原本功能，艺术与手工技艺达到极致完美的结合。

·保安族腰刀

保安族发明的腰刀起初是作为他们征战与生活的重要工具，不仅在武装自己起到了非常重要的作用，还构成中华民族独特的刀具文化的重要组成部分，它承载着民族文化特有的精神与内涵，随着时代的不断发展，以及生活方式的变化，它已不再作为武器使用，也不仅仅是生活用具，在现代社会人们生活中经常作为别致的装饰品和馈亲赠友的上乘礼品，深受西北地区各族人民的喜爱，在中东地区也名气很大。保安腰刀造型优美，线条流畅，装潢考究，工艺精湛，其设计、装饰、锻制工艺具有独特的文化价值。保安族制刀用的各种金属材料和折花、淬火、加钢等技术在民间制刀领域一直享有盛誉，它与阿昌族户撒刀、新疆维吾尔族英吉沙小刀齐名，共同构成了中国的三大民族刀具（图 5-9）。

图 5-9 保安族腰刀

“什样锦”(图 5-10)堪称是“保安腰刀”的象征，它在整体上简洁、彪悍、实用，与质朴的西北风土相当吻合。它属于方头直刀类型，特点是刀板平直，刀刃折转突兀，刀尖形成三角形，切割面强劲，突显刚直威猛，与刀柄形成鲜明的对照。刀柄上用银、铜、石、珠等材料在牦牛角上镶、嵌、铆出梅花、云纹、水波纹及抽象的图案，装饰效果既璀璨夺目又华丽柔媚。

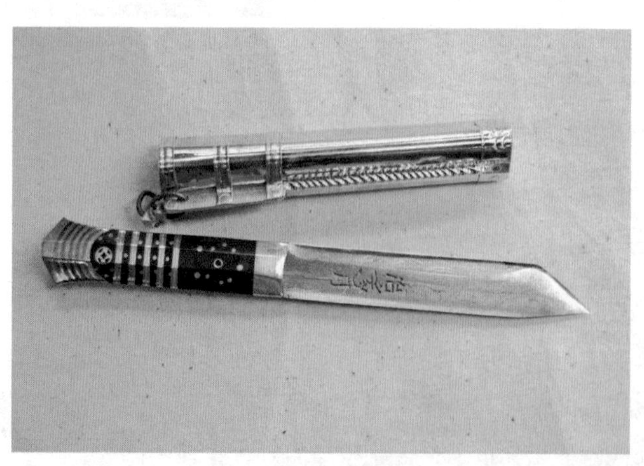

图 5-10 “什样锦”刀

“波日季”(图 5-11)是保安腰刀的古典版，它产生于一则古老的保安族传说。很久以前，在保安人居住的地方出现了一个恶魔，三天两头就到庄子里作怪，人们想尽了办法，始终无法制服。后来，一位白胡子阿爷指点保安族青年哈克木，让他仿照天池边老树上的树叶图纹打制一把刀。后来，哈克木用这把刀除去了恶魔，使村庄恢复了往日的平静。据说人们为了纪念哈克木的功劳，至今保留着“波日季”的原来模样，世代流传下来。神话是现实的曲折反映，保安人仿生的智慧和创造活力在这个故事中得到了生动表现。“波日季”属滴水形、线条流畅富于动感，刀锋锐利，鞘和柄的装饰简洁，整体效果含蓄低调却冷艳动人，审美效应很强。

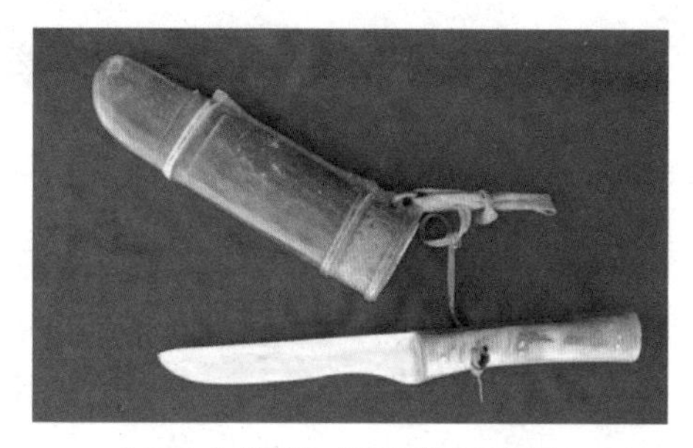

图 5-11 传统的“波日季”保安腰刀

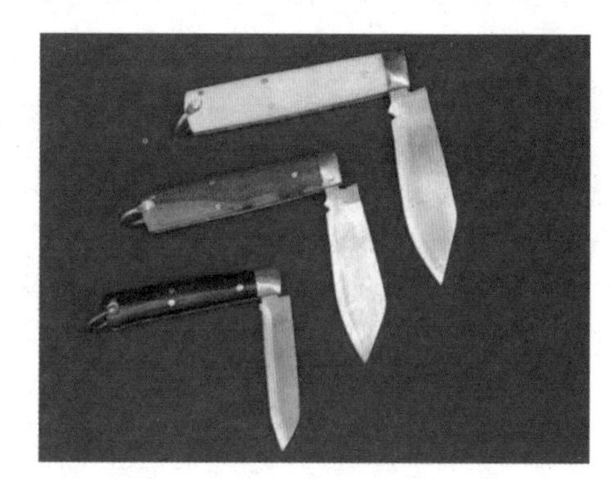

图 5-12 鱼刀

“鱼刀”(图 5-12)是保安腰刀的一个品种，它是从印度传过来的，民国时期生意人从印度带来了小巧玲珑的刀子，保安族人十分喜爱，因为它的形状像小鱼，所以人们就叫它印度鱼刀。后来一位保安族工匠日思夜想，琢磨了好几十天，终于按印度鱼刀的样式，制出了保安人自己的鱼刀，因其小巧实用、深受当地群众的喜爱(图 5-13)。

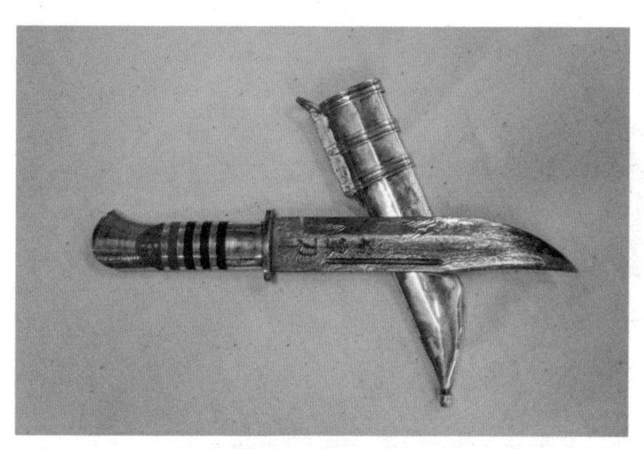

图 5-13 折花尕脚刀(作者冶洒力海)

5.3 地方特色金属工艺精品赏析

·牛虎铜案(图 5-14)

出土于云南省江川县李家山古墓的《牛虎铜案》，以大牛为主体，牛背是椭圆形的浅腹盘，立牛的四足间有横梁相连，小牛立于梁上，方向与大牛垂直，这样一来作品的鉴赏角度变得更多了。虎的前爪攀附于盘的边缘，后爪紧蹬牛腿，血盆大口咬住牛尾，虎身被巧妙地做成器耳的形状，与前伸的牛角遥相呼应。虎的向后拉的动态与牛前倾的动态正好相抵，构成一种运动感相反的对称，打破了以前那种对称就必须直立的模式，有很高的艺术审美价值。另一方面，牛头的体量与虎身相当，因而重心也十分稳定，而构图作为倒三角形又比正三角形要灵巧许多。单看虎和牛的形状也有很大的艺术价值，牛与虎的形象都被塑造得饱满而有力，解剖结构也比较合理准确，将牛的体形上后背塌陷这一特点巧妙利用为盘的形状，可谓神来之笔。图 5-15 是用斑铜工艺制作的现代工艺品。

图 5-14 云南省博物馆里的《牛虎铜案》

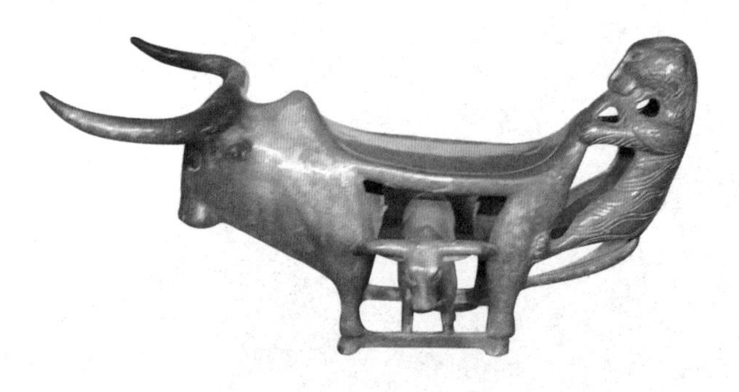

图 5-15 用斑铜工艺制作的现代工艺品《牛虎铜案》

· **芜湖铁画**（图 5-16）

铁画是安徽芜湖地区的重要特产，其艺术特色是以锤为笔，以铁为墨，锻铁为画，鬼斧神工，是中国工艺美术百花园中的一朵奇葩，他独特的艺术风格名扬于海内外。据清代《芜湖县志》所录《铁画歌·序》载，芜湖人汤鹏“少为铁工，与画室为邻，日窥其泼黑势，画师叱之。鹏发愤，因煅铁为山水嶂，寒汀孤屿，生趣宛然。”汤鹏从国画中受到启迪而创出铁画。铁画一经问世，不仅“远客多购之”，而且“名噪公卿间”，士大夫阶层人士把它作为“斋壁雅玩”之物欣赏，文人墨客更是推崇备至，赋诗著文加以赞扬。铁画登堂入室，艺术价值也为世人重新发现。铁画艺人以锤代笔，以铁为墨，锻铁成画，堪称绝艺。铁画黑白分明，虚实相衬，刚柔并济，乍看墨色淋漓，具有国画的神韵，细看飞点走线，锤痕斑斑，具有雕塑的立体美，可称“铁为肌骨画为魂”。铁画是独具风格的造型艺术品，具有深厚的民族艺术特色，不愧是“中华一绝”。铁画品种丰富，有山水、人物、花鸟、树木等，是“以锤代笔，以铁当墨”热煅冷作，揉铁而成半浮雕的完整画面，成为能独立成画的欣赏艺术品。

图 5-16 芜湖铁画

· **户撒刀**

在我国云南省西南部的大山之中，有一个叫户撒的高原坝子，这里一直保存着一项古老、而又精湛的制刀工艺。在这里的阿昌族村寨，只要是男人，就没有不会打刀的，并且代代相传，所以这里打造出来的刀，自然叫“户撒刀”。户撒刀制炼精纯，具有锋利、坚韧、耐用的特点，素有“削铁如泥，吹发即断”的美称，是国家级第一批非物质文化遗产之一。

这几把户撒刀（图 5-17）的造型来自于阿昌族使用的柴刀（图 5-18），除了刀刃可以用来削砍以外，前头月牙的形状可以用来铲，工匠们还喜欢在刀身和刀鞘上錾刻“龙飞凤舞”、“猛虎长啸”、“东方日出”等风格多样的纹饰，并对刀柄精心镶嵌装饰，使之成为一件精美的艺术品，让人爱不释手，在所有的刀具家族中，它仍然是一颗闪亮的民族瑰宝。

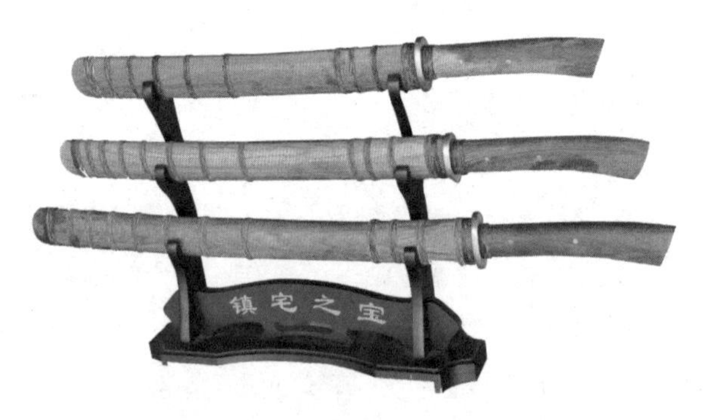

图 5-17 户撒刀

图 5-18 阿昌族长刀

户撒刀曾有一段光荣的历史，一战期间，英军曾在缅甸组建过一支景颇族军队，每个战士配备一把式样特别的战刀，叫做“戈勒卡”，在战斗中屡立战功。漂亮的户撒刀，在历史沧桑的洗礼中，不仅融汇着各族人民对它的爱戴与赞美，也倾入了阿昌族人民的情感。每年秋收之后，多数阿昌男人担着打铁工具远走他乡，走村串寨，流动打刀。至今，会不会打刀还是阿昌族选女婿的一个标准。1990年，户撒刀制作名师用自己独特的工艺锻造了象征民族腾飞的“九龙”指挥刀，它作为中国人民解放军三军仪仗队的指挥刀，护卫着庄严的国旗，迎来祖国的晨曦。

· 龙泉宝剑（图 5-19 ~ 图 5-21）

龙泉宝剑在古代是“中国十大名剑”之一，现在主要是指浙江龙泉一带按传统铸造工艺制作出的宝剑。龙泉剑自古就有非常大的名气，在汉代，它就被尊称为“宝剑”，成为帝王赐给爱臣名将的“尚方宝剑”，大臣有了“尚方宝剑”，遇事就有了“先斩后奏”的权利。它也是士大夫阶层用来进贡、赏赐、馈赠的珍贵礼品，同时又是炫耀自己地位和权势利器。自欧冶子铸成此剑之后，龙泉铸剑

图 5-19 沈新培大师打造的龙泉剑

图 5-20 沈新培大师打造的龙泉剑

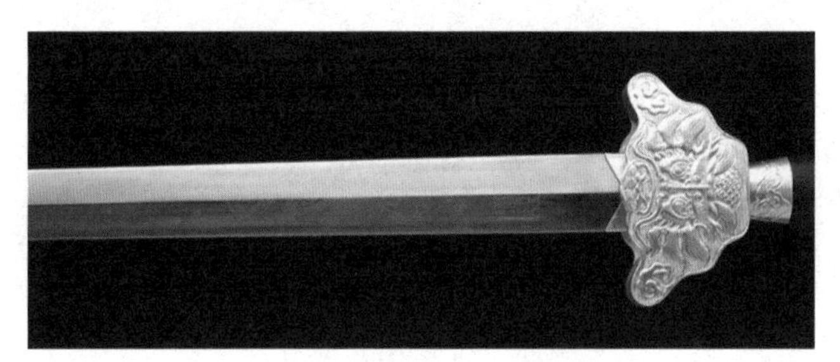

图 5-21 沈新培大师打造的龙泉剑

技艺代代相传，逐步形成“坚韧锋利、刚柔并寓、寒光逼人、纹饰巧致”四大特色。沈新培大师打造的诸多名剑种类之一龙泉剑，剑刃采用花纹刃，用毛铁与草钢精细炼打而成7000 ~ 8000层，剑身手工精细研磨，鋈铜字，剑装采用手工纯银錾花，上等黑檀木做剑鞘，彰显古朴典雅。

结课讲评：

1. 学生制作学习成果汇报ppt，讲评过程以学生为主体，先自我总结，教师再进行讲评；

2. 带领学生布置结课作品展览，在布展过程中，启发学生学会从不同的角度赏析和评价传统金属工艺品和创新设计；

3. 如何提高审美与欣赏水平，将来以更高的审美水准进行艺术设计创作？是结课以后不断思考的问题。

附录：教学设计参考——“课程标准”

一、课程定位

本课程是装饰艺术设计专业中的专业方向课，是一门核心课程，在第二学年第2学期开设，课程类型为理实一体化课程，采用项目化教学模式，课内实践约占总课时的70%。在具体教学的过程中以实践为主，讲授及欣赏为辅。针对将来的就业岗位，课程内容设置旨在使学生了解传统金属工艺的发展，并知晓传统金属工艺的制作特点，掌握传统金属工艺操作技艺，在夯实学生基础专业知识和基本技能的基础上，使学生能灵活运用传统金属工艺技能、设计方法等形成创作能力，并进行金属工艺品创作。本课程的实践性强，对锻炼学生在实际工作中驾驭产品创新设计与开发工作会起到很好的作用。

为服务区域经济发展，定位于高等职业教育，培养适应文化创意产业所需的高端技术技能型人才。本课程整体设计中主要包括基础理论、基础技法实训、工艺应用及造型创新实训、装饰纹样应用创新实训、赏析五个板块。本课程的前导课程为：《地域市场考察》、《图形纹样》、《设计策略》、《材料与工艺》、《传统装饰艺术》，后续课程为：《产品设计》、《毕业设计》。教学模式是行动导向、载体教学，学习模式是教中做、做中学。

二、课程目标

这门课程的课程目标是让学生了解传统金属工艺的发展情况，掌握一定的传统金属工艺制作技巧。在教学过程中注重民族文化传承与创新，在夯实学生专业基本知识的基础上，让学生熟练掌握传统工艺的操作规范、技巧，能创新性地应用传统金属工艺技术，在实践领域设计并研发文创产品、装饰艺术品。

学生通过本课程的学习，实现以下具体目标。

1. 知识目标

（1）了解传统金属工艺的概念、工艺的种类、工艺的特点、传统金属工艺的发展及文化现状；

（2）通过绘制景泰蓝装饰纹样，了解传统金属纹样的特点，并能区分景泰蓝装饰纹样和平面装饰纹样在绘制过程中的异同；

（3）通过掐丝的基本操作，比如膘丝、剪丝、掐丝等，掌握传统金属工艺的工具使用知识；

（4）学会点蓝和上色知识；

（5）学会正烧、扣烧等烧蓝知识；

（6）掌握打磨知识，能发现漏、崩、惊纹等现象，并能及时进行修理。

2. 能力目标

（1）能够积极参与艺术实践，具备一定的手绘表现能力；

（2）运用传统金属工艺设计的思维、方法，根据金属工艺制作的规范、技巧，做出具有创新意义的文创产品、装饰艺术品的能力；

（3）运用对传统金属工艺的认识、了解，根据掌握的金属工艺技巧，达到判断设计实践中是否采用传统金属工艺的能力；

（4）汲取中国传统文化与艺术精华，能够将其运用于文创产品、装饰艺术品的创新设计能力；

（5）学会鉴赏工艺美术作品，针对具体作品有自己审美判断能力。

3. 素质目标

（1）热爱传统工艺美术，并从文化传承、创新的高度来认识学习传统金属工艺的重要性；

（2）对待传统金属工艺的每个环节及细节都要认真对待，工艺技术操作一丝不苟；

（3）形成良好的团队合作精神，分组完成设计任务时，学生能够很好地与组内成员沟通；

（4）树立良好的道德观、正确的世界观和价值观，诚实守信，富于爱心；

（5）自主学习的素质，能够根据具体任务通过网络获取信息，在教师的指导下自己完成资料的采集、归纳、总结、应用的素质。

三、教学起点

学生已学习过《地域市场考察》、《图形纹样》、《设计策略》、《材料与工艺》、《传统装饰艺术》等课程，已经掌握下列知识和能力：

1. 了解艺术设计的基本原理、知道艺术设计的基本流程；

2. 学生具备一定的造型基础能力；

3. 学生具备一定的色彩搭配能力；

4. 学生了解传统装饰经典纹样和相关传统工艺；

5. 有一定的手绘表现基础能力。

学习本课程时可能遇到的困难及解决方法：

1. 在当前机器工艺至上的影响下，手工技艺备受青年学子冷落，手工技艺的产品因价值不菲，也很难走到普通老百姓的家里。针对这种情况，我们向学生讲清楚目前金属手工艺在市场中的价值和重要性。在具体学习技艺之前，带领学生参观景泰蓝博物馆和珐琅厂等金属工艺企业，激发学生的学习兴趣。

2. 传统金属工艺学习的技艺经验很重要，因此针对具体的教学目标，聘请有经验的工艺美术大师做示范，传授心得。

四、课程内容与要求

1. 课程教学载体

传统金属工艺创新设计的教学载体是以造型设计、纹样设计、制作铜胎、掐丝、点蓝、烧蓝、磨光等以景泰蓝工艺为主的传统金属工艺设计制作任务为主线。在实施该任务的过程中以镊子、画规、白芨、火钳、炉子、喷雾器、蓝枪、吸管、錾子、小锤等为基本工具，还要借助抛光机、火炉等机器设备进行操作。为了使学习任务反映出实际工作内容和工作要求，首先必须分析企业的典型岗位、工作活动及其所需知识和技能，然后才能设计出教学项目。总体思路如下图：

课程内容的设计依据图

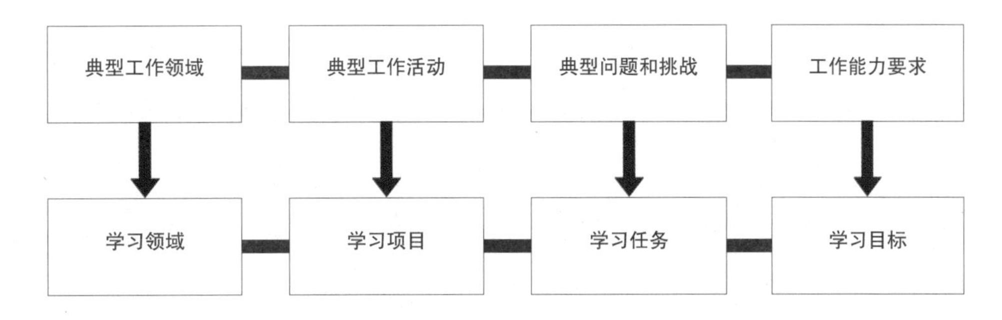

2. 课程要求

基于对传统金属工艺美术领域的调研和对相关手工技艺专业人士的访问，汇总整理出与本课程培养目标相关的工艺美术设计、文创产品设计、装饰艺术品设计、旅游品设计、包装设计等就业领域，各就业领域的典型工作任务和职业能力要求如表1，课程具体学习内容与要求见表2。

表1 工作领域分析表

工作领域	典型工作活动与任务	职业能力要求	主要岗位
金属工艺美术设计	金属工艺首饰设计、制作	具备设计单体造型的能力、熟悉工艺首饰的一般设计流程、特点等	首饰设计师
“景泰蓝”设计	根据室内空间环境，配置合适的景泰蓝装饰品	了解金属工艺品的基本美学特征，熟悉在空间装饰中的作用	“景泰蓝”设计师
装饰品设计	根据市场的需求，设计室内装饰品的造型，并进行色彩搭配	具备装饰产品设计的能力以及金属工艺品在空间中的装饰用途	装饰品设计师
旅游品设计	根据旅游点的特色与文化，开发设计旅游产品	了解旅游品中的金属工艺品，熟悉金属工艺品的开发流程	旅游品设计师
包装设计	根据商品的属性、外观等，设计合适的外包装	了解金属工艺外包装的优势，熟悉金属外包装的作用	产品设计师

表 2　学习内容与要求

学习内容概要	传统金属工艺概述	传统金属工艺设计思维（以景泰蓝为例）
学习内容	1. 工艺饰品概况； 2. 工艺饰品产销情况； 3. 传统金属工艺的概念； 4. 传统金属工艺的分类； 5. 传统金属工艺的特点； 6. 传统金属工艺发展。	1. 向学生讲解如何根据金属材料和工艺的特点设计工艺品； 2. 介绍传统金属工艺设计的思维特征； 3. 景泰蓝的设计思维； 4. 讲解景泰蓝的制作材料； 5. 为了便于学生理解景泰蓝的设计制作原理，带领学生实训室体验，并现场讲解（具体包括如何设计图纸、制胎、掐丝、点蓝、烧蓝、磨光等）。
学习标准	1. 了解传统金属工艺的基本概念，并掌握发展情况； 2. 了解传统金属工艺的文化背景； 3. 了解以景泰蓝制作为主的传统金属工艺的特点； 4. 了解 3 种以上典型传统金属工艺的种类及特征； 5. 了解传统金属工艺的文化现状； 6. 了解中国传统金属工艺的主要艺术风格； 7. 了解传统金属工艺的典型工艺品； 8. 将参观、调研的收获做成 ppt 进行表达和展示。	1. 理解景泰蓝设计制作流程的先后顺序关系； 2. 理解反复点蓝、烧蓝的基本原理； 3. 理解磨光对景泰蓝最终效果的作用； 4. 理解材料工艺对金属工艺之美的作用。
评价建议	1. 遵守纪律，保证出勤； 2. 从在学习过程中积极主动，善于思考，并能回答教师的提问，有良好的学习态度； 3. 从课堂笔记、课后习题、作业完成情况，评价学生专业知识的掌握程度； 4. 从沟通时思维的活跃程度、做事认真、细心程度评价专业潜力。	1. 遵守纪律，保证出勤； 2. 从在课堂上能够积极主动参与，善于思考并能回答教师的提问等方面评价学习态度； 3. 从课堂笔记、课后习题、作业完成情况，评价学生专业知识的掌握程度； 4. 从沟通时思维的活跃程度、做事认真、细心程度、专业潜力。
教学建议	1. 课前布置网上浏览或参观本地博物馆等要求； 2. 介绍本课程教学目的和主要内容； 3. 教学方法注重问题引导，师生互动，以学生为主体，教师讲授指导； 4. 单纯讲授时间不要超过 2 课时，教师提前安排好让学生参观、体验的场地； 5. 要求学生认真做笔记，也可以用拍照、录音、录像等方式记录知识内容，然后进行讲述和展示； 6. 根据学生程度，安排课后作业任务。	1. 采用多媒体手段，展示相关图片和音像资料，讲、练结合； 2. 问题引导，师生互动。针对现场的情景向学生讲解具体问题； 3. 鼓励学生独立思考、敢于创新和发表观点； 4. 要求学生认真记录，可以用拍照、录像等方式。
课时数	4	4

续表

学习内容概要	景泰蓝工艺设计流程和基本工具操作	景泰蓝造型与装饰纹样绘制
学习内容	1. 讲解景泰蓝制作工艺的基本流程； 2. 对景泰蓝制作过程的技艺单项演示，具体包括纹样设计、铜胎制作、掐丝、点蓝、烧蓝、打磨和镀金； 3. 学习用基本工具的使用及操作要领。	1. 铜胎造型绘制； 2. 装饰纹样绘制； 3. 使用拷贝纸，转印胎图和纹样图。
学习标准	1. 了解金属工艺的基本流程； 2. 了解铜胎的制作步骤； 3. 学会掐丝的步骤与技巧； 4. 了解点蓝的基本步骤与技巧。	1. 理解传统金属工艺的造型特点； 2. 理解景泰蓝装饰纹样和平面装饰纹样在绘制过程中的异同； 3. 理解图纸阶段在景泰蓝制作过程中的重要性； 4. 掌握铜胎绘制、纹样绘制等绘制要领。
评价建议	1. 从在课堂纪律和能够积极主动参与程度，善于思考并能回答教师的提问等方面评价学习态度； 2. 从沟通时思维的活跃程度、做事认真、细心程度专业潜力； 3. 通过对掐丝、点蓝、磨光的所用工具的熟悉程度来评价本节课的知识与技能掌握程度。	1. 遵守纪律，保证出勤； 2. 从在课堂上能够积极主动参与，善于思考并能回答教师的提问等方面评价学习态度； 3. 从制胎图、丝工图纸的效果来评价学生的造型与手绘技能掌握程度； 4. 从小组成员之间的沟通、协调情况评价团队合作能力。
教学建议	1. 教师结合实际的操作进行课堂讲解 2. 组织学生分组，以便开展接下来的实例训练； 3. 要求各班自荐或推荐两名学生助教，主要职责为辅助教师的教学，记录本班的课堂情况，收发作业，本班分组等组织管理工作； 4. 各组代表介绍操作心得体会，教师组织课堂评议。	1. 教师统一示范与个别辅导结合； 2. 课前布置给学生在网上浏览相关资源； 3. 问题引导，师生互动，以学生为主体，教师讲授指导。
课时数	4	4

续表

学习内容概要	景泰蓝工艺制作	景泰蓝创新设计
学习内容	1. 学习膘丝、制地、掐丝； 2. 学习点蓝，掌握针管、工化胶、剪刀、镊子等工具的使用技巧； 3. 学习烧蓝的基本技巧，知道点蓝前的“烤活”，去掉污物； 4. 学习磨光的基本技巧。	1. 当代文创产品设计、礼品设计和金属工艺的联系； 2. 引导学生选定合适的主题，运用景泰蓝的设计思维、技艺进行创新设计； 3. 用立体构成的原理或当代艺术造型方法设计现代时尚金属工艺品的造型； 4. 根据胎体的造型选择合适的纹样，并绘制图纸。
学习标准	1. 理解掐丝在点蓝环节前的重要作用； 2. 理解丝与釉的结合才会做出景泰蓝的原理； 3. 理解点蓝和掐丝之间的衔接步骤，例如“烤活”“找补”等； 4. 理解多次点蓝的作用于基本原理； 5. 掌握掐丝、调色、晕染的技巧。	1. 充分理解传统金属工艺和礼品设计的关系； 2. 深入理解传统设计思维方式，能对传统技艺灵活运用和操作； 3. 理解草图绘制以及小组讨论在前期方案设计中的重要性； 4. 能将以景泰蓝传统技艺为主的传统金属工艺融入到不同的现代设计主题，设计出具有创新性的金属工艺文化创意产品。
评价建议	1. 遵守纪律，保证出勤； 2. 从在课堂上能够积极主动参与，善于思考并能回答教师的提问等方面评价学习态度； 3. 从掐丝、点蓝、烧蓝、磨光的操作规范程度，实训效果来评价学生的掌握程度； 4. 从小组成员之间的沟通、协调能力来评价团队合作能力。	1. 遵守纪律，保证出勤； 2. 从在课堂上能够积极主动参与，善于思考问题的程度； 3. 从对创新的角度、思维模式来评价，主要看学生之间讨论报告和回答问题的角度； 4. 从设计方案的创新程度来评价对本次课的掌握程度及设计能力。
教学建议	1. 组织相关企业主管、设计总监、设计师与学生对话； 2. 教师结合教学案例进行课堂讲解； 3. 组织学生分组交流各项技能的学习体会； 4. 教学方法注重问题引导，师生互动，以学生为主体，教师讲授指导； 5. 各组代表对本组完成任务进展情况进行阐述，教师组织课堂评议。	1. 组织学生分组实施设计项目； 2. 教师结合案例进行课堂讲解； 3. 组织学生分别针对不同设计项目，进行尝试性的实践练习； 4. 各组代表对所设计的内容进行阐述，教师组织课堂评议。
课时数	12	8

续表

学习内容概要	景泰蓝创新设计工艺制作实训	传统金属工艺装饰纹样 创新设计方法
学习内容	1. 深入学习传统金属工艺技巧； 2. 进行掐丝、点蓝、烧蓝、磨光技能应用。	1. 传统金属纹样的特点； 2. 纹样的多重意义，学会从文化背景，构成形式等分析纹样； 3. 从传统金属装饰纹样提炼可供延展的元素。
学习标准	1. 熟练掌握掐丝、点蓝、烧蓝、磨光技能； 2. 理解造型和纹样之间的搭配关系； 3. 学会分组完成相关任务的时候，能够很好地与组内成员沟通，并策划一套优秀的方案。	1. 了解传统金属装饰纹样的装饰方法、艺术特色； 2. 结合工艺特点，理解传统金属造型的创新原则； 3. 学会纹样的设计和造型的合理搭配。
评价建议	1. 遵守纪律，保证出勤； 2. 从在实训过程中提出问题的能力，善于和老师沟通并能找到解决问题的办法； 3. 从学生掐死、点蓝、磨光的实际效果来评价； 4. 从学生表达与沟通时思维的活跃程度、做事认真、细心程度专业潜力。	1. 遵守纪律，保证出勤； 2. 考查学生从在实训操作过程中提出问题的能力，注意学生是否善于和老师沟通并能找到解决问题的办法； 3. 从学生对传统纹样的理解程度、选择的角度来评价对传统文化的理解深度； 4. 从学生表达与沟通时思维的活跃程度、做事认真、细心程度专业潜力。
教学建议	1. 组织学生分组讨论，并分组实施方案； 2. 教师结合案例进行讲解； 3. 组织学生分组分别针对不同专业的设计程序进行尝试性的实践练习； 4. 各组代表对所设计的内容进行阐述，教师组织课堂评议。	1. 组织学生分组讨论，并分组实施方案 2. 教师结合案例进行课堂讲解； 3. 组织学生分组讨论，统一意见，一起形成纹样应用的创新方案； 4. 各组代表对所设计的内容进行阐述，教师组织课堂评议。
课时数	12	8

续表

学习内容概要	传统金属工艺装饰纹样创新应用项目训练	经典金属工艺品赏析
学习内容	1. 在产品设计中应用传统金属装饰纹样; 2. 在金属工艺品包装设计中应用传统金属装饰纹样; 3. 在汇报文案中应用传统金属装饰纹样。	1. 古代经典景泰蓝赏析; 2. 民族特色金属工艺品赏析; 3. 地方特色金属工艺品赏析。
学习标准	1. 通过完成一个项目的操作流程，使学生知道如何将传统装饰纹样应用到艺术设计项目中去，从而掌握装饰纹样创新应用方法; 2. 学会分析解构传统装饰纹样，通过提炼与加工得到符号化的图形; 3. 学会项目进展的过程中，控制传统装饰纹样的应用范围，知道如何取舍和适度应用。	1. 学会从不同的美学角度赏析金属工艺品; 2. 通过欣赏与学习，提高艺术修养，达到设计师的艺术品位。
评价建议	1. 遵守纪律，保证出勤; 2. 从在实训过程中提出问题的能力，善于和老师沟通并能找到解决问题的办法; 3. 从学生对传统装饰纹样的应用效果来评价; 4. 从学生表达与沟通时思维的活跃程度、做事认真、细心程度、专业潜力。	1. 遵守纪律，保证出勤; 2. 从在课堂上能够积极主动参与，善于思考并能回答教师的提问等方面评价学习态度; 3. 从课堂笔记、课后习题、作业完成情况，评价学生专业知识的掌握程度; 4. 从小组讨论和汇报情况来评价对传统金属工艺的认识程度。
教学建议	1. 教师结合案例进行课堂讲解; 2. 组织学生分组讨论项目的实施开展情况，遇到问题一起讨论，启发学生找到解决问题的方法; 3. 各组代表对所设计的内容进行阐述，教师组织课堂评议。	1. 教师拿出优秀的传统金属工艺品给学生分析; 2. 组织学生分组讨论，形成对艺术品的综合评价; 3. 各组代表对所设计的内容进行阐述，教师组织课堂评议。
课时数	8	4

续表

学习内容概要	学生作品汇报与评议
学习内容	1. 学生作品汇报； 2. 学生作品评议； 3. 知道结束课程后应该如何继续学习与提高。
学习标准	1. 学会综述自己的作品和做汇报 ppt; 2. 学会如何评价金属工艺作品。
评价建议	1. 遵守纪律，保证出勤； 2. 从在课堂上能够积极主动参与，善于思考并能回答教师的提问等方面评价学习态度； 3. 从阐述自己作品的思路和作品的效果评价学生的综合素质。
教学建议	1. 教师结合学生汇报，点评学生作品； 2. 教师介绍结束课程后应该如何继续学习与提高； 3. 根据条件组织作业汇报展。
课时数	4
总课时	72

五、教学方法与手段

1. 教学方法

以学生为主体进行教学，依据循序渐进、深入浅出的基本原则，学生实际技能操作为主、讲授、参观、欣赏为辅，将该课程分设为 3 阶段，5 个教学模块单元，11 个教学模块。根据各单元的教学内容要求、知识点分解教学计划和教学重点、难点，采用参观、演示、欣赏、体验、实训、讨论等灵活多样的教学方法，旨在使学生对传统金属工艺产生浓厚的兴趣，掌握以景泰蓝为主的传统金属工艺制作技能。

教学流程大致遵循：教师任务导入→带领学生任务实施→组织学生进行成果展示→带领学生进行作品点评→学生对学习成果自我总结→教师最终评议。课堂上采用任务先行、项目驱动教学的方式，教师讲解并演示重点和难点问题，在学生完成任务的过程中，教师注重调动学生的自身潜力，最后教师带领学生进行自评和互评，教师点评强化技能点和知识点，从而达到加深理解的效果。本课程具有知识量大、任务多的特点，教学活动可以用下列四种形式进行组织和实施：

（1）课堂教学

课堂教学采用基础理论讲授、任务化教学+赏析的课程结构，运用“教、学、训、做、评”一体化教学模式，以传统金属工艺创新设计作为主线完成项目与任务，老师主要进行启发引导、重点难点解析、示范、任务讲评，多数情况下，鼓励学生以小组为单位完成项目或任务，鼓励学生之间相互交流经验，以个人为单位完成技能训练的任务。

（2）课后学习

课后需完成教师要求的查阅资料、小组交流等学习内容弥补课堂学习时间的不足，主要完成学习任务中有关资料搜集、团队讨论、课后作业等。

（3）阶段实训

实训可在学习完某重点模块时阶段性安排，训练金属工艺品制作过程中的制胎、掐丝、点蓝、烧蓝、磨光等技能，可安排学生以小组为单位分工完成任务；安排单项技能训练时，如掐丝、点蓝等技能，则要求以个人为单位完成。

在实训的过程中，以“互动与实践结合”的教学方式为主，在教学过程中有机地穿插提问、演示、讨论及实操等教学方法。

2. 教学手段（表3）

（1）教学手段包括板书、多媒体、图板、纸质工作表单、使用网络资源等；

表3　教学手段及设备、工具的适用说明

设备、工具	适用说明
多媒体	投影设备适用于项目导入、成果展示和点评、知识要点讲解等阶段；视频音频设备适用于教学录像、图片及其他教学资料的展示。
绘图纸、铅笔、橡皮等绘画工具	用于示范绘制景泰蓝的设计图纸，纹样等。
火炉或电窑；砂轮	火炉用于烧蓝工序；砂轮用于打磨。根据校内条件，如不具备火炉，至少要配置电窑代替。
钳子、画规、白芨、火钳、炉子、喷雾器、蓝枪、吸管、錾子、小锤	用于完成景泰蓝制作过程中的掐丝、点蓝、烧蓝、磨光等阶段性项目或任务。
纸质任务单	用于明确学习任务并记录完成过程和成果

（2）在教学过程中，将采用多媒体手段，大量展示各种类型的图片和音像资料，以提供课程内容所需的相关资讯，并要求投影仪应达到一定的精度，以保证所播放的视听资料达到最佳效果；

（3）老师直接的教学示范对学生掌握技艺非常重要；

（4）临摹体验是学习掌握相关知识最重要的途径，结合理论知识的讲授，提供精美的图片让学生通过动手临摹来体会理解知识的要点，并提高造型能力；

（5）建议各班自荐或推荐一名学生助教，主要职责为辅助教师的教学，记录本班的课堂情况：包括纪律，课堂参与表现等，向教师及时反馈学生意见，收发课业，组织本班分组等组织管理工作；

（6）结合课堂传授基础理论知识，提前要求学生利用业余时间先走出去，或就近去历史古迹短期旅游，或从网上浏览古迹，或到博物馆、传统文化产品生产和销售市场、传统文化集聚地等实地参观考察。

六、实践条件

实训阶段需要在景泰蓝制作工作室进行，提供学生设计拷贝纸（硫酸纸）及掐丝、点蓝、烧蓝等必备工具。

应具备三方面的实践条件。

1. 理实一体化的教室

具有用于演示的教学工具与材料，如铜丝、钳子、画规、白芨碟、火钳、炉子、喷雾器、蓝枪、吸管、錾子、小锤、釉料、铜片、铜丝、银块、银丝等。

2. 校内实训教室

金属工艺的制作过程基本都为手工制作，所以就需要相应的工具与设备，比如制作景泰蓝的剪刀，锤子，镊子、钳子、滴管、小铲子等全套工具；釉料、铜片、铜丝、银块、银丝等材料；以及烧蓝工序的火炉、打磨用的砂轮等必要设备，根据校内条件，如不具备火炉，至少要配置电窑代替。

3. 校外实践条件

每学期有两三家合作企业支持参观、调研实践等教学实践活动。

七、评价方法

本课程坚持知识与实践能力并重的原则，结合本课程的目标，应从基础知识部分、基本手工技艺与能力、职业素质三方面综合评价学生的学习程度。综合评价要求不仅对学习成果进行评价，还要对学习过程进行必要的监督和考评，因为上述三方面的指标并非都在成果中外显。各评价项目可制成评价表在学生完成学习任务的过程中由学生和教师同时填写，考评的同时也起到向学生明确考核指标、促进学习的目的。

具体可从如下方面评价（表 4）。

1. 评价技能操作的规范性，考查学生是否掌握了操作技能的基本方法和必要技巧。

2. 评价操作流程的合理性，考查学生是否掌握按照规范流程来制作金属工艺品，主要考查景泰蓝制作过程中的掐丝、点蓝、烧蓝的基本规范技能等，比如掐丝的时候严格按照先膘丝、制地，然后是打墨线、掰丝、上花、烧焊等基本流程来做。

3. 评价项目实施阶段的执行能力，考查学生在分组完成项目与任务时能否按计划实施，相互配合，按照要领完成操作。

4. 评价职业素质，教师需在课程前期和教学过程中不断明确和强调艺术设计行业中对职业素质的要求和重视，这是在就业时可能成为一票否决的重要方面。职业素质的评价可采用教师评价、学生自我评价、学生互相评价、企业专家评价相结合的方法。

5. 本课程为考试课程，学生的最终成绩由平时实训项目成绩（约占 70%）、结课时成绩（约占 30%）两大部分构成。

表 4　具体评价权重表

<table>
<tr><td colspan="17">过程评价（包括通用能力）70%</td><td colspan="3">结课评价 30%</td></tr>
<tr><td colspan="6">项目一</td><td colspan="6">项目二</td><td colspan="5">项目三</td><td>作业展</td><td>陈述</td><td>素质</td></tr>
<tr><td>1-1</td><td>1-2</td><td>1-3</td><td>1-4</td><td>1-5</td><td>1-6</td><td>2-1</td><td>2-2</td><td>2-3</td><td>2-4</td><td>2-5</td><td>2-6</td><td>3-1</td><td>3-2</td><td>3-3</td><td>3-4</td><td>3-5</td><td rowspan="2">10%</td><td rowspan="2">10%</td><td rowspan="2">10%</td></tr>
<tr><td colspan="6">20%</td><td colspan="6">20%</td><td colspan="5">30%</td></tr>
<tr><td colspan="17">考勤、学习项目任务完成情况、学生互评、学生自评、综合素质</td><td colspan="3">综合能力</td></tr>
</table>

八、课程资源

1. 教材选用

《传统金属工艺创新设计》

2. 教学参考书

唐克美，李苍彦.《金银细金工艺和景泰蓝》，大象出版社，2004.

茅翊.《中国红 景泰蓝》，黄山书社，2012.

田自秉.《中国工艺美术史》，东方出版中心，2010.

徐雯，吕品田.《传统手工艺》，黄山书社，2012.

雷圭元.《中国图案作法初探》，上海人民美术出版社，1979.

张道一.《工艺美术论集》，陕西人民出版社，1986.

陈绶祥.《遮蔽的文明》（文集），北京工艺美术出版社，1991.

杭间.《中国工艺美术思想史》，北岳文艺出版社，1994.

桂元龙，杨淳.《产品设计》，中国轻工业出版社，2014.

3. 数字媒体资源

民族文化传承创新专业教学资源库相关图片、文字、视频等素材资源；

中国非物质文化网

中国工艺美术网站

4. 美术馆、博物馆

中国国家博物馆

景泰蓝博物馆

今日美术馆

韩美林艺术馆

中国工艺美术馆

中国美术馆

中华珍宝馆

798创意产业园区

5. 教学媒体

（1）多媒体教室、联网机房、图书馆；

（2）多媒体投影设备。

学习网站

职业教育数字化学习中心：http://www.icve.com.cn/

设计在线：http://www.dolcn.com/

中国设计之窗：http//www.333cn.com

视觉中国：http://shijue.me/home

红动中国：http://www.redocn.com/

创意百汇工业设计资讯网：http://www.3d3d.cn/

北京珐琅厂：http://www.bjflc.com/

中央美术学院：http://www.cafa.edu.cn/

清华大学美术学院：http://www.tsinghua.edu.cn/publish/ad/

北京电子科技职业学院：http://www.dky.bjedu.cn/

参考书目

[1] 唐克美 , 李苍彦 . 金银细金工艺和景泰蓝 . 郑州 : 大象出版社 ,2004.

[2] 茅翊 . 中国红景泰蓝 . 黄山：黄山书社 ,2012.

[3] 田自秉 . 中国工艺美术史 . 上海：东方出版中心 ,2010.

[4] 徐雯 , 吕品田 . 传统手工艺 . 黄山：黄山书社 ,2012.

[5] 雷圭元 . 中国图案作法初探 . 上海：上海人民美术出版社 ,1979.

[6] 张道一 . 工艺美术论集 . 西安：陕西人民出版社 ,1986.

[7] 杭间 . 中国工艺美术思想史 . 太原：北岳文艺出版社 ,1994.

[8] 桂元龙 , 杨淳 . 产品设计 . 北京：中国轻工业出版社 ,2014.

[9] 陈斗斗 , 卫巍等 . 传统器物考察与创新 . 北京：中国建筑工业出版社 ,2014.

[10] 邹加勉等 . 中国传统图案与配色系列丛书 . 大连：大连理工大学出版社 ,2010.

[11] 苏华等 . 图说中国工艺美术 . 上海：上海三联书店 ,2009.

[12] 马浩 . 至精至好且不奢——手工艺卷 . 北京：北京工业大学出版社 ,2013.